设计类研究生设计理论参考丛书

中国当代室内设计史（下）

A History of the Contemporary Interior Design in China II

朱忠翠 著

中国建筑工业出版社

图书在版编目（CIP）数据

中国当代室内设计史（下）/朱忠翠著．—北京：中国建筑工业出版社，2013.1
（设计类研究生设计理论参考丛书）
ISBN 978-7-112-15173-8

Ⅰ.①中… Ⅱ.①朱… Ⅲ.①室内设计－建筑史－中国－现代 Ⅳ.①TU238-092

中国版本图书馆CIP数据核字（2013）第036671号

责任编辑：吴 佳 李东禧
责任设计：陈 旭
责任校对：张 颖 陈晶晶

设计类研究生设计理论参考丛书
中国当代室内设计史（下）
朱忠翠 著
*
中国建筑工业出版社出版、发行（北京西郊百万庄）
各地新华书店、建筑书店经销
北京嘉泰利德公司制版
北京云浩印刷有限责任公司印刷
*
开本：787×1092毫米 1/16 印张：9¼ 插页：4 字数：200千字
2013年6月第一版 2013年6月第一次印刷
定价：35.00元
ISBN 978-7-112-15173-8
（23221）

设计类研究生设计理论参考丛书编委会

序　言

美国洛杉矶艺术中心设计学院终身教授　王受之

中国的现代设计教育应该是从20世纪70年代末就开始了，到20世纪80年代初期，出现了比较有声有色的局面。我自己是1982年开始投身设计史论工作的，应该说是刚刚赶上需要史论研究的好机会，在需要的时候做了需要的工作，算是国内比较早把西方现代设计史理清楚的人之一。我当时的工作，仅仅是两方面：第一是大声疾呼设计对国民经济发展的重要作用，美术学院里的工艺美术教育体制应该朝符合经济发展的设计教育转化；第二是用比较通俗的方法（包括在全国各个院校讲学和出版史论著作两方面），给国内设计界讲清楚现代设计是怎么一回事。因此我一直认为，自己其实并没有真正达到“史论研究”的层面，仅仅是做了史论普及的工作。

特别是在20世纪90年代末期以来，在制造业迅速发展后对设计人才需求大增的就业市场驱动下，高等艺术设计教育迅速扩张。在进入21世纪后的今天，中国已经成为全球规模最大的高等艺术设计教育大国。据初步统计：中国目前设有设计专业（包括艺术设计、工业设计、建筑设计、服装设计等）的高校（包括高职高专）超过1000所，保守一点估计每年招生人数已达数十万人，设计类专业已经成为中国高校发展最热门的专业之一。单从数字上看，中国设计教育在近10多年来的发展真够迅猛的。在中国的高等教育体系中，目前几乎所有的高校（无论是综合性大学、理工大学、农林大学、师范大学，甚至包括地质与财经大学）都纷纷开设了艺术设计专业，艺术设计一时突然成为国内的最热门专业之一。但是，与西方发达国家同类学院不同的是，中国的设计教育是在社会经济高速发展与转型的历史背景下发展起来的，面临的问题与困难非常具有中国特色。无论是生源、师资，还是教学设施或教学体系，中国的设计教育至今还是处于发展的初级阶段，远未真正成型与成熟。正如有的国外学者批评的那样：“刚出校门就已无法适应全球化经济浪潮对现代设计人员的要求，更遑论去担当设计教学之重任。”可见问题的严重性。

还有一些令人担忧的问题，教育质量亟待提高，许多研究生和本科生一样愿意做设计项目赚钱，而不愿意做设计历史和理论研究。一些设计院校居然没有设置必要的现代艺术史、现代设计史课程，甚至不开设设计理论课程，有些省份就基本没有现代设计史论方面合格的老师。现代设计体系进入中国刚刚 30 年，这之前，设计仅仅基于工艺美术理论。到目前为止只有少数院校刚刚建立了现代概念的设计史论系。另外，设计行业浮躁，导致极少有人愿意从事设计史论研究，致使目前还没有系统的针对设计类研究生的设计史论丛书。

现代设计理论是在研究设计竞争规律和资源分布环境的设计活动中发展起来的，方便信息传递和分布资源继承利用以提高竞争力是研究的核心。设计理论的研究不是设计方法的研究，也不是设计方法的汇总研究，而是统帅整个设计过程基本规律的研究。另外，设计是一个由诸多要素构成的复杂过程，不能仅仅从某一个片段或方面去研究，因此设计理论体系要求系统性、完整性。

先后毕业于清华大学美术学院和中国美术学院建筑学院的江滨博士是我的学生，曾跟随我系统学习设计史论和研究方法，现任国家 211 重点大学华南师范大学教授、硕士研究生导师，环境艺术设计系主任。最近他跟我联系商讨，由他担任主编，组织国内主要设计院校设计教育专家编写，并由中国建筑工业出版社出版的一套设计丛书：《设计类研究生设计理论参考丛书》。当时我在美国，看了他提供的资料，我首先表示支持并给予指导。

研究生终极教学方向是跟着导师研究项目走的，没有规定的“制式教材”，但是，研究生一、二年级的研究基础课教学是有参考教材的，而且必须提供大量的专业研究必读书目和专业研究参考书目给学生。这正是《设计类研究生设计理论参考丛书》策划推出的现实基础。另外，我们在策划设计本套丛书时，就考虑到它的研究型和普适性或资料性，也就是说，既要有研究深度，又要起码适合本专业的所有研究生阅读，比如《中国当代室内设计史》就适合所有环境艺术设计专业的研究生使用；《设计经济学》是属于最新研究成果，目前，还没有这方面的专著，但是它适合所有设计类专业的研究生使用；有些属于资料性工具书，比如《中外设计文献导读》，适合所有设计类研究生使用。

设计丛书在过去 30 多年中，曾经有多次的尝试，但是都不尽理想，也尚没有针对研究生的设计理论丛书。江滨这一次给我提供了一整套设计理论丛书的计划，并表示会在以后修订时不断补充、丰富其内容和种类。对于作者们的这个努力和尝试，我认为很有创意。国内设计教育存在很多问题，但是总要有人一点一滴地去做工作以图改善，这对国家的设计教育工作起到一个正面的促进。

我有幸参与了我国早期的现代设计教育改革，数数都快 30 年了。对国内的设计教育，我始终是有感情的，也有一种责任和义务。这套丛书里面，有几个作者是我曾经教授过的学生，看到他们不断进步并对社会有所担当，深感欣慰，并有责任和义务继续对他们鼎力支持，也祝愿他们成功。真心希望我们的设计教育能够真正的进步，走上正轨。为国家的经济发展、文化发展服务。

目　录

第1章 绪 论

1.1 研究目的和意义

到目前为止，独立地、系统地、全面地论述自改革开放以来的中国当代室内设计发展史的研究几乎还是空白，可借鉴的理论基础和资料也相当匮乏。而且由于建筑室内装饰的更新变化频繁，很多曾经优秀的室内设计案例随着建筑本身使用功能等的转化已不复存在，受当时的技术条件和认识水平所限，这其中的一些优秀室内设计的资料也丢失了。从以上角度考虑，本课题研究开展得越早就越能及时抢救和保留下一些重要的资料和信息。

该课题是一项基础性研究课题，该研究具有抢救、发掘价值和理论意义。对研究探索我国当代室内设计发展之路也具有重要参考价值。

1.2 研究内容和范围

1. 研究的地域范围：

作为一项以“中国”为研究对象的研究课题，地域范围理应涵盖全中国，包括大陆及港澳台全部地区。但是，受时间和精力所限，本论文仅以华中、华南、西南大部分地区为案例分析和研究的地域范围，根据我国一般的地理划分，这些地区包括以下行政区域：

华中：河南省、湖北省、湖南省。

华南：广东省、广西壮族自治区、海南省。

西南：四川省、云南省、贵州省、重庆市。

这些地区中，既有中国经济发展的前沿地带，包括以广州、深圳为核心的珠三角地区，也有经济发展相对迟缓但当地的民族特点十分突出的地区，如云南省等。就室内设计来讲，它们都是室内设计很具有典型性特征的区域，带动并影响了其他地区的发展，对室内设计的发展起到了关键的作用。需要指出的是，厦门市是最早的四个经济特区之一，为了取得统一性，将它与深圳、珠海、汕头放在一起研究。其他地区，包括华北、东北、西北、华东地区的相关案例研究以及中国当代室内设计专业教育研究，则由课题组的其他成员负责并已经完成。需要指出的是，尽管西藏自治区在地理上划分至西南地区，但由于其宗教、文化、历史与青海、内蒙古等省区的关联度甚为紧密，故将西藏自治区的相关内容纳入到师兄陈冀峻的书中。

不过，由于目前我国的室内设计活动还主要局限在城市，特别是经济发达的大城市和中心城市，广大农村和偏远地区的建设活动中极少见到建筑的室内设计，因此，以上述地区的省会城市和区域中心城市为重点范围，可以使研究更具有代表性和实际意义。

由于缺乏经费，原本已列入写作提纲的港、澳、台地区的室内设计内容，只得忍痛删去，留下遗憾，待以后再行续补。

2. 研究的时间范围：从 1978 年十一届三中全会至今的三十余年。

3. 研究的对象和主要内容：本课题的研究对象是有关中国室内设计的社会背景、实例分析、技术发展。

1.3　相近领域研究：室内设计与其相关的领域的互动

1.3.1　室内设计与建筑设计

客观上来讲，室内设计早在人类有文字记载的历史之前就已经存在了。我们在原始社会的巢穴中看到的很多装饰性的图案其实就是室内设计雏形，这些反映了石器时代人们对于美的追求以及朴素的原始崇拜。但是，室内设计成为一门独立的专业，却是近几十年的事。从国际上来看，室内设计一直和建筑设计密不可分，长期以来，没有人是专门从事室内设计的，可以说，室内设计是建筑设计的一个组成部分。

就像在新建筑运动出现之前，建筑师和画家、雕塑家还没有完全分工一样，在“二战”之前，室内设计师和建筑师也没有完全分工。室内设计往往是作为建筑设计中一个必要的环节而存在的。直到“二战”以后，室内设计的工作才逐步从建筑设计中分离出来，并开始成为一个独立的专业与学科。①

无论是古希腊、古罗马时期，还是中世纪、文艺复兴时期，建筑艺术创作的活动一直是美术的一个组成部分，大多建筑师都是那个时代的大画家、大雕塑家。直到新建筑运动开始前夕的工艺美术运动、新艺术运动时期，美术学院一直是正统的建筑学（建筑设计）教育的殿堂。

从 1640 年英国资产阶级革命开始，人类开始了从封建社会向资本主义社会的过渡阶段。18 世纪中叶肇始于英国的工业革命，使得资本主义的生产从手工业阶段走向了机器大工业阶段。1782 年瓦特发明的蒸汽机对工业革命产生了巨大的推动力，大工业生产方式的到来使人口迅速向城市集中，为适应大工业生产而出现了大量的新建筑类型，旧城市的空间格局已经完全不能适应新社会发展的需要。1816 年，原法国皇家艺术学院改名为巴黎美术学院，它在

---

① 张青萍 . 解读 20 世纪中国室内设计的发展 . 南京林业大学博士论文 .2004.

19 世纪内成为了欧美各国的艺术和建筑创作的中心。

工业大生产的发展，同时促进了建筑科学的发展。新的建筑材料、新的建筑结构技术、新的建筑设备系统的出现，也为新建筑的发展以及建筑设计完全独立于绘画而成为一门独立的专业创造了条件。随之而来的就是大批非传统美院学派的先锋建筑师开始走上历史的舞台，他们当中有来自工程学界的，有来自机械专业的，还有来自其他各种各样的行业的。

工业革命以来，不仅仅是建筑学从美院（学院派）中解放出来，在各行各业都因分工更加明确而迅速产生出来了许多新生的专业。随着专业化分工越来越精细，一个人已经很难在他有限的人生中横跨诸多领域而成为全才。因此，就在这样的历史背景下，建筑学科也开始面临再分工的机遇和挑战。

城市规划、园林景观、室内设计等逐渐从建筑学科中分离出来。但这种分离，除了“分”之外，实际上还包含了“合”的含义，因为在它们与建筑学分离开来，逐渐成为一个独立的专业的过程中，也同时吸纳了能为其所用的其他学科的知识和养分。室内设计在形成独立的学科时，也吸纳了材料科学、植物学、色彩学以及环境心理学等各方面的知识。

尽管室内设计独立于建筑设计了，但是它依然是依托于建筑空间而进行的再创造活动，它的一切活动都不能脱离建筑本体而存在。因此，室内设计作品所依托的建筑本体的空间布局、风格和功能特点，形成了室内设计的舞台。室内设计，“用形象化的语言来说，可用‘戴镣铐的舞蹈’来概括其特点。所谓‘戴镣铐’是针对室内设计的受制约性而言的。由于室内本身实用和环境的原因，使得室内设计不能像其他艺术创意那样天马行空，而要受到来自实体和艺术方面的诸多限制。所谓‘舞蹈’是针对室内设计的创造性而言的。”[①]

依存于建筑空间的室内设计作品，也经历了附属和叛逆于建筑设计的一些争论和实践。在室内设计是更好地延续原有建筑设计的风格还是着重于创新、着重于“再创作”的概念上，张绮曼先生认为：“全新的东西，完全独创的东西，是不易被人们接受的；反过来说，完全可理解的，对人们来说其信息量是零。”[②]

所以，在室内设计如何更好地与建筑设计配合方面，应该是在建筑设计原有基础上的深化和升华，既不应该是停滞不前，也不应该是脱离实际。

1.3.2 室内设计与装饰装修

如前所述，室内设计是脱胎于建筑设计而逐渐形成的一门独立的学科，它是为了满足人们在室内空间环境中生活、工作以及游憩等方面的需要而进行的针对建筑室内空间、结构、材料、家具、设备、植物等各种方面的综合配置和安排。因此，可以认为，室内设计包含两个方面的含义：一方面，室内设计仅仅限于对构成室内空间环境的各要素进行配置和安排，是一种设计，而不包含

① 黄钢．室内设计的原则．装饰．2000（6）．

② 张绮曼．环境艺术设计理论．北京：中国建筑工业出版社，1996（72）．

为实现该设计而进行的装饰装修等施工及建造活动；另一方面，室内设计强调的是将构成室内空间环境的各要素进行合理的组织，并非每一要素都要作为重点打造，而是依据不同的空间功能进行合理的组合，从而最终实现整体上的最佳配置。

经常与室内设计一起被提及的名词主要有室内装饰、室内装修等，那么，它们之间有哪些异同呢？

室内装饰，实际上是对室内环境进行的表皮化的修饰活动，包括对墙面、顶棚、地板等进行的表面修饰，还包括对床、窗帘、桌椅、橱柜、灯具以及观赏植物的配置等。壁画、家具陈设、雕塑以及家电和日用品的摆设都可以归之于室内装饰的范畴。室内装饰最本质的特征是通过对表皮的修饰和用品的摆设，在不改变室内空间和建筑结构的情况下，对室内环境进行美化运动，以使得室内环境更加符合人的审美需求和使用要求。

室内装修，它和室内装饰的最重要的区别在于室内装修是指对室内空间进行结构性的综合处理，比如对墙面、地面、顶棚、楼梯以及电气和通风设备等进行结构性的调整，以期创造出更加适合使用的空间结构来。实质上，广义的室内装修，除了对于室内空间进行结构性的调整之外，它同时也包含了室内装饰的活动。

室内设计，它不同于室内装修和室内装饰的根本点在于它是一种创作活动，强调的是对于室内空间进行综合性的分析和研究之后而做出的一种配置和安排。作为“设计”，它强调的是对于未来空间的一种安排，一种预判，但不是实质性的建造活动，而这种建造活动，就自然而然地交给室内装修去完成了。

1.3.3　相关研究状态

室内设计作为建筑设计的延续、发展和深化，在相当长的一段时间内是包含在建筑学学科领域内的，直到 1957 年，美国室内设计师学会（ASID）成立，才标志着“室内设计”专业的确立和真正独立。1989 年中国室内设计师学会的成立也标志着中国对室内设计专业认识的提高。

对于室内设计史的研究，一方面属于理论研究的基础性工作，另一方面也将对我国未来的设计实践起到重要的指导作用。“以史为鉴”，不仅可以吸取历史的经验和教训，而且可以使我们能清醒地认识今天所处的时代特点，从而理性地面对和探究未来的发展趋势。

目前，国内学者涉及室内设计史研究的著作主要有：张绮曼先生所著《室内设计的风格样式与流派》、刘森林所著《世界室内设计史略》、霍维国和霍光所著《中国室内设计史》、张青萍的博士论文《解读 20 世纪中国室内设计的发展》以及杨冬江的博士论文《中国近现代室内设计风格流变》（在出版时改为《中国近现代室内设计史》）。除此之外，经搜索中国期刊全文数据库，在关键词中含有“室内设计 / 历史”的文章共有 120 篇，其中在核心期刊上的文章只有 15 篇，平均每年还不到一篇。

由此可见，一方面，在数量上，我国相关室内设计史的研究成果还相当匮乏，另一方面，在深度上，对应于改革开放以来的室内设计史的专门的、系统的研究尚未有人涉足。

另外，由于室内设计脱胎于建筑学科领域，因此，在某些重要的建筑史学论著中，如邹德侬先生的《中国现代建筑史》以及一些高校的硕士、博士学位论文中有部分内容涉及本项课题的某些局部。这些研究成果，从不同的侧面和视角来看待室内设计问题，对本课题的研究有一定的启发和帮助。

就国外学者的研究来看，比较有影响的当属约翰·派尔所著，刘先觉先生等翻译的《世界室内设计史》。但遗憾的是，这本著作中，对于中国的室内设计没有只言片语的论述。

1.4 研究的技术路线和框架

1. 研究的框架

该研究试图建立中国室内设计发展的“坐标系”，横向比较国内各城市在室内设计方面的经验教训，纵向梳理从 20 世纪 80 年代至今近 30 年室内设计的相关理论与实践，寻找出室内设计发展的基本特点及原则，提出建设性的建议并指出室内设计今后发展的相关趋势，考察室内设计发展的背景，确立发展参照系。

2. 研究的基本思路

本研究以社会的宏观环境为依托，以建筑学科的系统理论为基础，以当代人的生存方式为参考，结合其他相关领域的研究成果，先以事件发生的时间前后为顺序，对中国当代室内设计的发展历程和丰富内容进行分析和评判，然后，再结合各种理论和技术对中国当代室内设计的影响进行归纳并总结当代室内设计发展的经验教训，为构建有中国特色的室内设计专业的理论框架奠定研究的基础。研究以史料收集和实地考察并重，以物和人并举，以理论和实践相结合。

3. 研究的方法

1）文献分析法：大量地阅读国内外关于室内设计理论及实践、室内设计发展等多方面的书籍、期刊、杂志以及优秀的硕士、博士论文，通过广泛的文献阅读和整理，了解室内设计的发展动态，获取相关的理论成果，为课题的深入展开奠定基础。

2）比较研究法：运用比较分析的方法来研究中国室内设计的相关理论与实践，寻找出室内设计发展的基本特点及原则，提出建设性的建议并指出今后的发展趋势。

3）观点评估法：对于某一现象，各个参与者各有其不同的观点，而每一个参与者都在寻找与其观点相符合的政策。对某一个参与者而言，他在分析时所持的观点就是其“主导观点”，而其他参与者的观点则称为“相关观点”。观点评估法就是首先决定“主导观点”，继而通过逻辑、经济以及法理和实际分析，以实现对该观点合理性与否的评价。

4. 研究的技术路线

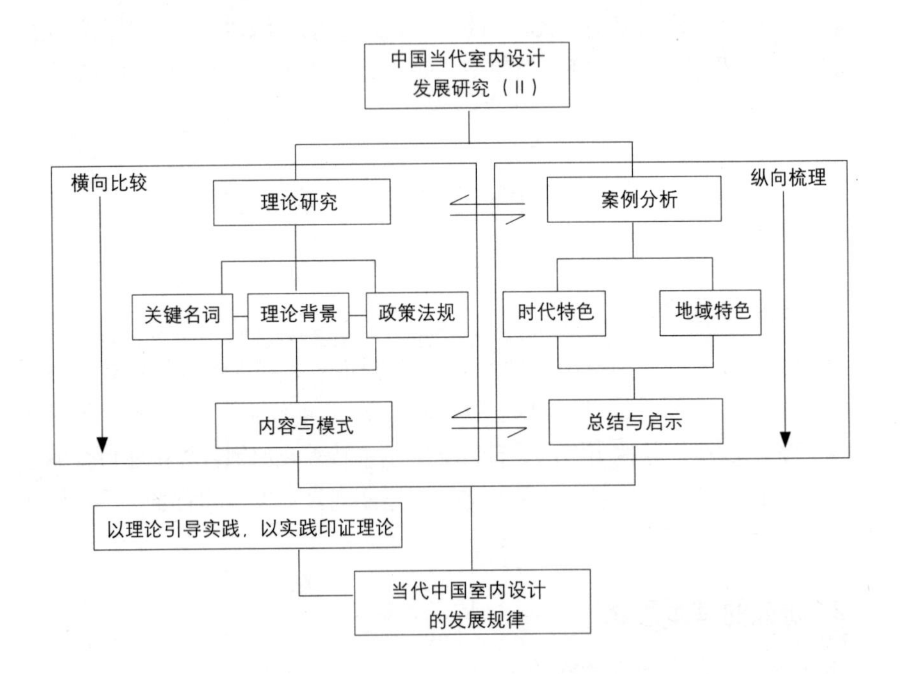

第2章　中国当代室内设计的起步（20世纪80年代初期至90年代初期）

2.1　时代背景

1978年12月，中共十一届三中全会确定了把全党的工作重点转移到社会主义现代化建设和实行改革开放的战略决策上来，党的工作重点的转移使全国上下发生了翻天覆地的变化。政治、经济、文化、思想等方面也随之经历着巨大的变化。

1980年8月，我国建立了深圳、珠海、汕头、厦门四个经济特区，并于1981年下半年相继开始动工。特区的建设，带动了当地建筑业、室内设计领域的发展。

经济特区建设的成功经验给我国的改革开放政策增加了信心，因之，1984年5月，我国又随即开放了天津、上海、大连、秦皇岛、烟台、青岛、连云港、南通、宁波、温州、福州、广州、湛江和北海这14个沿海港口城市。此后，又陆续批准建立了32个国家级经济技术开发区和53个国家级高新技术产业开发区，安排重点项目300多个，总投资额达到3100亿元。到1990年，我国国民生产总值已达18598.4亿元。[①]

1988年4月13日，在海南省建立海南经济特区，实行比前四个经济特区更特殊的政策。

特区也成为了我国改革开放的先行军，他们的建设与发展掀起了一股建设潮，建筑业进入了一个大发展的时期。建筑装饰技术发展日趋成熟，工程技术、装饰用材以及设施设备等方面也已与国际接轨。一些高层建筑开始采用玻璃幕墙进行装饰，或以铝合金板、铝塑复合板、彩色钢板等外墙面板与局部玻璃幕墙相组合。以江浙等地为代表的从事建筑装饰的能工巧匠开始在全国各地活跃起来，以广州、深圳为先导的装饰公司借助国外最新材料和高新技术引领着中国现代建筑装饰的新潮流，建筑装饰已经成为这个时期的常用语。

20世纪80年代的10年间，我国建筑装饰行业的年均产值为140亿元，

---

① 叶飞文．要素投入与中国经济增长．

年均发展速度约达 18%。在这个阶段，我国开始出现独立的建筑装饰业。1989 年 5 月，原建设部颁布了《建筑装饰企业资质等级标准》，这标志着建筑装饰作为一个新兴行业的确立，标志着传统建筑工程队伍开始向专业企业转变，重要的装饰、高档次建筑物的装饰开始由建筑装饰专业企业来承担。建筑装饰作为一个独立的行业被国家正式确认是在 1991 年 4 月举行的七届全国人大四次会议上，并被列入了我国国民经济的社会发展十年规划和“八五”计划纲要中。

改革开放不仅活跃了经济，而且直接带动了旅游事业的发展，80 年代初，台湾、香港、澳门地区居民及一些海外华人掀起了赴内地旅游与归国探亲潮，这种现象促进了宾馆酒店建筑的建设发展。

其中，广州一年两次的商品交易会，不仅促进了地方经济的发展，而且因商品所需场地及供应商家住宿的需求，直接促进了建筑，特别是宾馆建筑的发展。

改革开放后，国门打开，促进了商品交易的繁荣和旅游事业的发展，使得建筑创作大多以旅馆建筑为主。随着时代的发展，住房问题的亟待解决掀起了住宅建筑的建设潮。中国当代的室内设计也随着政策的引导、经济的发展，开始步入了发展的轨道。这期间，我国的室内设计师们除了自己摸索前行，也拼命从国外的书籍和案例中吸取养分，在创造出一些精品的同时也走了不少弯路。室内设计的风格倾向在这一时期大致有两类：一类侧重体现现代感，另一类侧重体现民族性与地域性（表 2-1~ 表 2-2）。

1980 ～ 2000 年中国旅游涉外饭店数量的增长情况①　　**表 2–1**

年份	饭店数（座）	增长量（座）	增长率（%）
1980 年	203	—	—
1985 年	710	507	249.75
1990 年	1987	1277	179.86
1995 年	3720	1733	87.22
2000 年	10481	6761	181.74

1980 ～ 2000 年中国旅游涉外饭店客房、床位数量的增长情况②　　**表 2–2**

年份	客房总数（万间）	增长量（万间）	增长率（%）	床位总数（万张）	增长量（万张）	增长率（%）
1980 年	3.1788	—	—	7.6192	—	—
1985 年	10.57	7.3912	232.52	24.29	16.6708	218.8
1990 年	29.4	18.83	178.15	64.3	40.01	164.72
1995 年	48.61	19.21	65.34	98.72	34.42	53.53
2000 年	94.82	46.21	95.06	185.6	86.88	88

① 根据《中国旅游统计年鉴》中有关数字计算所得。

② 根据《中国旅游统计年鉴》中有关数字计算所得。

2.2 从宾馆、酒店建筑中起步的室内设计

改革开放对我国各项事业的发展都产生了深远的影响，随着改革开放的逐步深入，商务和旅游活动也随之蓬勃发展。在原先相对封闭的社会环境中，人们的流动性不大，而改革开放以来，随着商务交流的需要，人们的交往和流动变得十分频繁，这就导致了全国各地，尤其是从东南沿海地区开始，对于楼堂馆所建筑的需求。大量的楼堂馆所建筑的建设必然会带来与之相对应的大量的室内设计与装饰装修的需求。于是，以楼堂馆所建筑为代表的公共建筑的装饰装修成为了这一时期室内设计的主流。1978~1989 年，我国对楼堂馆所等公共建筑的投资总额约占同期国家对固定资产投资总额的 7%，国家对装饰行业的投资有 2/3 集中在楼堂馆所方面，这之中的 1/2 集中在涉外旅游饭店方面（表 2-3）。

20 世纪 80 年代我国装饰行业投资重点关系（1978 ～ 1988 年）[①]　　表 2–3

项目	年均投资（亿元）	合计（亿元）	其中装饰投资（亿元）	合计（亿元）
楼堂馆所	300	3000	100	1000
其中涉外旅游饭店	125	1250	50	500
其中合资旅游饭店	30	300	12	120

由于国际商务活动及旅游业迅速发展的需要，20 世纪 70 年代后期至 80 年代中期，我国在各大城市兴建的一大批宾馆建筑及其他一大批公共建筑，都在引进先进的技术和高级的装饰材料，甚至开始出现了盲目地为“先进”而“先进”的现象，有些城市竞相攀比，造成了很多不必要的浪费。

这一段时期，以我国东南沿海的高级酒店建筑为代表的重要公共建筑的室内设计与装修大都被外商和港商所垄断，建筑装饰材料也多是依靠进口。中国本土的装饰企业和设计师成为了外国企业和设计师的分包商和助手，能独立承接的项目也往往是小型的项目。当然，正是由于有这样一个为外商和港商“打工”的机会，我国的设计师和装饰企业才能在短短的几年里迅速地成长起来，逐步形成了一批具有独立操作大型项目的能力和丰富经验的队伍。

由表 2-3 可以看出，这时期的室内设计作品集中反映在楼堂馆所公共建筑中。此时，旅馆、酒店类公共建筑成为了我国室内设计发展的起点。

改革开放初期，深圳等南方地区突如其来的建设热潮催生了室内设计行业的诞生，又使室内设计的发展出现两个显著的特点：其一，室内设计专业被迫“仓促上阵”。由于“仓促上阵”，使得设计人员对室内设计专业的性质、任务、特点以及专业与建筑设计之间的关系等问题并未认识清楚，对专业理论更是认识不足，所以，初期出现许多设计人员抄袭国外、境外室内设计的

① 黄白．对我国建筑装饰行业发展若干问题的认识和评估．室内.1993，01：16-17.

现象，就不足为奇了。其二，专业人员“瞬间膨胀”。也由于“仓促上阵”，室内设计行业需要大量人才，即使受过建筑和工艺美术设计训练的人全部投入室内设计专业，缺口还是很大，建筑与工艺美术学院办理短期训练班也不能满足需求，于是其他相关专业（如美术、广告、服装、陶瓷等专业）的人员也加入了这个队伍，甚至少数没有专业基础的投机分子看好这个专业的利润较高，削尖脑袋挤进了室内设计专业队伍。这就形成了专业发展初期的“瞬间膨胀”现象。在广州、深圳等地，许多宾馆饭店项目请香港、台湾室内设计师做室内设计，但是，业主并不熟悉香港、台湾室内设计界的情况，来参加设计的大多是当地三、四流的设计单位，这些人学术素质不高，商业习气严重，趣味也很平庸鄙俗，但是对我国长久处于封闭状态中的建设工作者来说，以为这就是世界先进的室内设计水平，于是竞相学习、模仿和抄袭，有的甚至把他们视为我们室内设计的样板。

2.2.1　境外设计师的大量涌入

对外开放，国门打开伊始，外国游客像潮水般涌入，促进了国内旅游业的发展。但在这个时期，国内旅游业接待能力低，不能适应对外开放的需求，并且资金匮乏，仅通过国家投资建设大量宾馆饭店是相当困难的，而利用外资搞建设则是一条捷径。据有关部门统计，仅在 80 年代初期，广东利用外资建造宾馆的金额就达 10 亿美元之多。至 1993 年底，全广东省拥有各类宾馆 795 家，客房 10 万间，其中大部分都是利用外资建造的。①

对外开放，利用外资引进先进的技术与管理经验，不仅仅直接作用于外资宾馆本身，同时也对我国室内设计水平的提高起到了巨大的促进作用。室内设计专业刚刚登上舞台，因此不少设计人员面对这个新的、很不熟悉的专业，显得不知所措。为了应付所面临的设计任务，寻找捷径，出版界和媒体竞相出版和刊登《港台室内设计实录》等设计作品图册，用来供设计人员参考、模仿甚至抄袭。港台室内设计师在内地做的室内设计以及港台室内设计实录图片等资料，对我国室内设计的开展起了参考和借鉴的作用，但是有些过于追求商业价值、趣味平庸粗俗的风气也随之而来。

当然，不可否认的是对外开放对国内室内设计行业的贡献，就像邓小平说过的，打开窗户，虽然能进来几只苍蝇，但更重要的是引进了新鲜的空气和阳光。港台甚至欧美设计师的进入，使得原先不为我们所熟悉甚至不为我们所知的大量施工工艺和施工材料进入了大陆设计师的视野，许多设计师和施工技术人员在与境外设计师的紧密接触中逐渐成长起来。这期间出现了大量欧美、港台设计师与大陆本土设计师共同合作完成的优秀室内设计作品。

一些旅游城市拥有丰富的资源优势，很自然地成为了外资及境外设计师较早进入的热点地区之一。以广西桂林为例，由外方建筑师主持设计，国内

---

① 广东社会科学 .1994，6.

图 2-1　广州中国大酒店
（图片来源：
http：//s.nfwin.com/）

设计人员按阶段或设计专业分工合作完成的项目就很多，如香港建筑师黄允炽设计创作的四星级喜来登桂林文华大饭店，香港夏威夷建筑师事务所设计创作的四星级桂林帝苑酒店（原花园酒店），美国建筑师许和雄设计创作的四星级假日桂林宾馆（与承建企业合作完成施工图），香港巴马丹拿（P&T）高级建筑师潘家风设计创作的桂林香江酒店，香港周伟淦建筑师设计的观光酒店，香港苏宗庆、黎琼建筑师设计的环球大酒店，日本建筑师主持设计的桂林西山公园熊本馆（与桂林市园林规划设计所合作），台湾建筑师设计的善园大厦，美国 Willard C.Byrd & Associates 负责整体规划设计的桂林华惠高尔夫乡村俱乐部等。[①]

1. 广州中国大酒店

设计人：胡应湘（香港）、梁启杰、陈家麟、关福佩

建成时间：1984 年

建筑面积：15.9 万 m^2，客房 1017 套

资料来源：建筑学报 .1987，11：74-75.

广州中国大酒店是中国首批五星级酒店之一，位于广州市北部的象岗山麓，是合资建设的具有国际标准的现代化五星级大型旅游宾馆。

广州中国大酒店在外观上采用了仿古的设计手法，如底层用褐色大理石材质贴面来象征基座，顶层天台女儿墙则采用琉璃黄瓦斜屋面来象征传统的屋顶，在大幅墙面设计上采用巨型线刻壁画等，并且在探讨高层建筑的民族特色表现上作了有益的尝试。酒店在建筑结构设计和技术处理上有多项突破，如利用建筑物本身作大型挡土构筑物和采用箱式基础等。广州中国大酒店，从单体形式、色调以及许多细部设计，都是相当成功的。

酒店室内装修，根据不同的功能空间采用不同的装饰风格。酒店内有各种装饰风格的风味餐厅。会议室的室内采用黑白色调等简约的设计风格，体现会议氛围。酒店有 1017 间豪华客房，从商务客房至总统套房，装修出了 9 种不同类型的风格，切合不同的需要。客房设计体现幽雅、舒适，配套设备应有尽有。酒店在设计上糅合了中国传统特色及最新科技，创作出了多样的

① 世界建筑 .1993，4.

图 2-2　广州文化假日酒店大堂
（图片来源：http：//www.holsun.com/）

室内装饰环境。

酒店最大的餐厅丽晶殿的面积有 1500 多平方米，配置有完善的现代化灯光音响设施，设计在灯光与墙壁、地面甚至桌椅之间形成多种配合，组合出了多种别样的室内空间环境。

2. 广州文化假日酒店

设计人：新加坡王及王测绘师事务所，华南理工大学建筑设计研究院徐国明、孙文泰

建成时间：1989 年 4 月

建筑面积：4.5792 万 m^2，客房 428 间

广州文化假日酒店坐落在广州的环市东路。酒店由新加坡林增（香港）投资有限公司投资 3000 万美元兴建，并由华南理工大学建筑设计院和新加坡王及王测绘师事务所联合设计。

酒店是全国文化系统中第一家利用外资建成的集现代酒店服务业和文化娱乐业于一体的大型企业。建筑设计充分利用有限的用地，合理解决了复杂的功能空间要求。地下设停车场，首层至五层裙房为公共活动层，包括大堂、中西餐厅、风味餐厅、康乐用房等，并设一处 500 座位的电影院，同时，裙房设有屋顶花园和游泳池。裙房商埠的塔楼平面设计为“丁”字形，临主干道，分三级后退呈台阶状，衬托板式主体框架。

室内设计颇显大气，浅色的水平遮阳板，配合以深灰色面砖墙身，色调凸显稳重、典雅。酒店有客房 428 间，并设有明星卡拉 OK 歌厅、游泳池、健康中心、迪斯科舞厅、蓝宝石电影院等一系列文化娱乐设施，同时还经营旅游业、饮食业、展览、音乐茶厅、舞厅、文艺演出、电影放映等项目。室内设计根据不同的功能区域，在总体风格统一的基础上寻求变化，使各个功能区域通过室内设计对整体空间的场所感进行了加强。

位于酒店四楼的筵庆厅是本地使用率最高并极受欢迎的会议场所之一。室内精心布置了柔和的浅蓝及棕黄色调，并以镶镜的方柱配合，塑造了明亮、现代的效果。筵庆厅面积为 380m^2，并设置有舞台，是餐会、时装表演、展示会、大型会议及婚宴的理想场地。暖雪厅、夏云厅和冬日厅三处会议厅位于四楼并在内部连通，适于 10~70 人会议使用，胡姬厅、紫荆厅及荷花厅位于酒店三楼，适合 10~50 人会议使用，装饰风格、格局因不同的需求而有所不同。酒店内更设有蓝宝石展艺馆，适合用作大型会议及展览场地。

图 2–3 广州花园酒店大堂
（图片来源：
http：//03104325.member.lotour.com/room-62109.shtml）

3. 广州花园酒店

设计人：香港司徒惠建筑事务所

建成时间：1984 年

建筑面积：17 万 m^2

资料来源：建筑学报 .1987，11.

广州花园酒店位于广州市商业区的心脏地带——广州环市东路，由香港司徒惠建筑事务所设计创作。作为五星级大酒店，花园酒店的设计体现出了折中主义的特点。外形设计体现出酒店是一座现代化的建筑，但进入大门后，吸引人们视线的却是中国古代彩梁式的天花，继而进入大堂，其中的藻井天花与夹层的柚木栏板，因其所具有的中国古典式符号的作用，在视觉上得到了与之连续与呼应的效果。大堂正面墙上装饰一巨幅镂金的大理石壁画《红楼梦》。大堂左边设有巨大的以柚木为材料的西洋式旋转梯，这个带有涡卷装饰的楼梯与整个大堂的中国古典装饰风格一起表现出了酒店的折中主义色彩。

花园酒店的设计不乏匠心之作，例如荔湾食街，是将广州旧时荔枝湾风貌搬到了室内，这种风貌的模仿对于那些追忆往昔的人不失为一个重温旧梦的好去处。除了荔湾食街，英国古典风味的绅士轩和法国洛可可风格的总统套房等对于旧模式的利用都很成功。此外，西餐厅运用建筑符号学的方法，塑造了以白、蓝色为主的高雅的空间环境，表达出了强烈的法国古典装饰的特有氛围和韵味，以洗练的现代表现方式表达出了古典的神韵。

在花园酒店，最能彰显设计者创造力的大概要算咖啡厅、观瀑廊和旋转餐厅了。在这些现代装饰风格的空间环境中，色调、质地的配合大胆且协调，注重色调、质地的对比统一的运用，利用绿化小品进行空间的局部限定以起到自然表象的象征作用，追求光色的丰富瑰丽以及浓重的氛围和豪华的气势，所有这些方面的相互作用使酒店整体空间获得了令人赞叹的效果。

酒店大堂雍容华贵、富丽堂皇，然而，在这个如此庞大的多功能大空间中，却缺少休憩之处，降低了人们对于空间的舒适感。还有，把花园与建筑主体的连续空间分割开来的做法，也是值得商榷的。

4. 假日桂林宾馆

建成时间：1987 年 1 月

资料来源：世界建筑 .1993，04：14-17.

假日桂林宾馆由桂林市旅游公司与日本国熊本县株式会社微笑堂合资兴建，是桂林唯一一家通过德国莱茵公司 ISO9001 和 ISO14001 国际质量、环境体系双认证的酒店，宾馆周边有古树名木、叠石碑刻、亭台碧水，宛如一幅美丽的画卷，宾馆客房内还设有迷你酒吧、电吹风、体重秤、客房保险箱、电水壶、冰箱、独立调控的中央空调系统、非吸烟房及残疾人客房等设施。一楼的漓江餐厅、一楼西面的七星厅环境清幽，在沁园咖啡厅和大堂阳光酒吧还可以欣赏到优美的钢琴演奏。

位于宾馆二楼装修豪华的金桂宴会厅和四个中、小多功能厅拥有完备的设施和齐全的功能，可提供多种会议布局选择，可安排各类展览会、大小型会议、宴会和鸡尾酒会，宾馆配有专业的视听设施及多种会议设备，一应俱全。

宾馆于 2006 年进行了重新装修，客房的室内设计别具特色，通过窗户可看到酒店中心庭院的露天游泳池。宽敞的空间，条纹绿的地毯，塑造了轻松舒适的氛围。沁园咖啡厅的设计，塑造了恬静宜人的环境，使人们尽情享受来自欧美及亚洲各地的美食佳肴，体味高雅不凡的情调。漓江厅的设计具有浓厚的地方特色，柱子采用中国的木质窗格式包裹修饰，屋顶垂吊中国结，整个装饰清新淡雅。阳光酒吧与繁华的街道相比，更加舒适宁静，是消除疲劳的最佳去处，地板采用鹅卵石铺设，整个色调为古铜色，耳边萦绕着美妙动听的钢琴声，口中品味着色彩缤纷的鸡尾酒，眼睛欣赏着窗外的庭院式泳池美景，酒吧间的惬意氛围得到很好的体现。

图 2–4　假日桂林宾馆
（图片来源：http：//image.baidu.com/）

5. 桂林帝苑酒店（原花园酒店）

设计单位：香港夏威夷建筑师事务所

建成时间：1989 年 1 月

建筑面积：约 37000m^2

资料来源：世界建筑 .1993，04：14-17.

桂林帝苑酒店是一家集旅游、休闲、度假和商务于一体的五星级豪华酒店，酒店坐落在美丽的漓江之滨，占地 12000m^2。酒店于市区闹中取静，并与伏波山、叠彩山景区隔江相望，临江傍水，在酒店就可把漓江美景尽收眼底。主楼为 7 层，居于中间，5 层的北楼和两层的南楼与其紧紧相连，沿江一字排列开来。

图 2–5 桂林帝苑酒店（原花园酒店）大堂、餐厅（图片来源：http://image.baidu.com/i?tn=baiduimage&ct=201326592&cl=2&lm=-1&fr=&pv=&ic=0&z=0&se=1&word=%B9%F0%C1%D6%B5%DB%D4%B7%BE%C6%B5%EA&s=0）

南、北二楼在长、宽等建筑尺度上很是相似，从而构成了以主楼为中轴线的均衡式和谐布局。

桂林帝苑酒店于 2002 年进行了重新装修，主要装饰材料全部采用意大利进口天然大理石，配有意大利板式套装家具，凸显高雅华贵的格调。酒店拥有豪华客房 339 间，内部均采用先进的中央四管空调设备。大型中央吊灯与独特的地面拼花辅以震撼的柱体，构成了恢弘大气、金碧辉煌的大厅；餐厅的设计采用几何形屋顶构体，配以中央巨大的圆形吊灯，更显雍容华贵；作为涉外酒店，拥有号称“东南亚第一园”的露天花园咖啡厅以及洋溢着浓郁的东瀛风情的日本餐厅等特色空间，清新典雅的环境加上浓厚的艺术氛围，构筑了“新帝苑”的完美形象。

6. 海南通什旅游山庄

设计人：柳秉慧

建成时间：1985 年 12 月

建筑面积：8000m^2，客房 110 间

资料来源：建筑学报 .1987，09：49.

通什旅游山庄位于海南黎苗自治州的首府——通什镇，是由海南通什中旅社、对外经济发展公司和香港雅高乐公司三家合资兴建的现代化酒店。

山庄主体建筑分为 A、B、C、D 座四部分，建筑群均为 1~4 层建筑，高低错落，中间用通廊连接，主体建筑布置在半山腰的等高线上，而中间最高处予以保留，形成一个自然的山顶小花园。通过 A 座大厅能看到通什的前景。在大桥位置有最好的角度可以看到 A 座大厅，并且能看到屋顶上的琉璃瓦，室内外景观在此处得到交流。

山庄主体建筑的屋顶造型是带有热带风味的两坡顶，中间尖凸而两边翘起，中间设有“留海”式的琉璃瓦，为建筑增添了特色。为了使整个山庄形成统一的风格，总平面图的设计多采用圆弧形，C 座各层平面和 B 座客房阳台采用半圆弧形。舞厅、商场、大餐厅前花台等也采用弧形，大门的墩子则采用圆柱圆顶，加强了山庄风格的统一性。整个山庄的外墙面都采用白色纸皮石，再配上深褐色、茶色玻璃以及橙红色的琉璃瓦，与青色的山群构成了一幅色彩鲜明的美丽景象。

图 2-6　海南通什旅游山庄大堂
（图片来源：http：//image.baidu.com/）

宴会厅内部装修典雅，具有浓郁的民族特色；大排档与周边环境结合设计，体现优美的田园风光；内部设计在装饰色调与材质上力求简洁，处处体现浓郁的黎苗民族风情。

境外设计师的大量涌入，将境外的有关室内设计的信息传递进来，打开了长期以来国内室内设计停滞不前的局面，国内设计人员在与境外设计师的交流中，思维变得活跃，开始有意识地“走出去”寻找先进的设计理念，并积极地运用到国内的室内设计中来。

2.2.2　现代主义之下的民族特色追求

丹下健三在他的论文《传统的创造》中谈到：“在继承传统的过程中，存在着对传统形式化的危险，因之要导入再创造，导入新的能量。因此，首先必须破坏传统。”对旧形式进行删改的同时增加新的内容，这样的结果就是出现新的形式，也可称之为变革。再创造是任何时代、任何设计都会遇到的问题，因为变是永久的，不变则是暂时的。当然，要把古老的传统与现代设计进行结合，需要有深厚的根基，这种设计创作的过程也是艰辛和漫长的。

这段时期，现代主义之下的对民族特色的追求主要体现在设计师选取传统的特色“语言”，用现代方法，将之抽象、提炼，在实践中对其进行变形，也就是对传统部分的尺度、位置、形态作符合现代美感的改变，通过对现代材料和技术的利用为传统风格的重现提供更大的自由度。美国的建筑评论家文丘里善于通过“象征符号”来表达他对传统风格的理解和认识。他在《历史主义的多样性、关联性和具象性》一文中指出：“我们现在可以通过嵌饰和符号来描述历史性建筑。它可以使我们摆脱羁绊，为我们这个时代创造出一种优秀的建筑。”他认为：现代技术形式很难与历史象征形式协调起来，历史象征主义和装饰图案也就不可避免地变成了嵌饰，并作为一种符号，它基本上不是结构性和空间性的功能，只是通过象征或装饰来传达历史的信息。①

南部沿海地区的发展兼具天时、地利、人和等有利条件。改革开放后，政策及资金投入向南部沿海地区倾斜，南部沿海地区坐拥香港、澳门、台湾与大陆交界地带的地理优势，国家政策鼓励以及经济刺激使得这些地区涌入了大量专业人才。

这一系列的天时、地利、人和使这一时期南部沿海地区成为了专业带头发展的地方，成为了当代建筑发展的领头军，也成为了当代中国室内设计发展的先驱，室内设计从此开始从时间与空间上向其他地区延伸。南部沿海地区自身优厚的发展条件和利于发展的深厚土壤，使得这一地区的室内设计发展独树一帜。

① 黄艳丽．中国当代室内设计中对传统文化传承方式的研究．2005：78.

1. 广州白天鹅宾馆

设计人：佘畯南、莫伯治、蔡德道、谭卓枝等，广州市建筑设计研究院
建成时间：1983 年
建筑面积：9.298 万 m^2
资料来源：建筑学报 .1987，11；1999，03.

白天鹅宾馆是我国第一家粤港合作的五星级宾馆，也是我国第一家由中国人自行设计、施工、管理的大型现代化宾馆。宾馆于 1985 年被世界一流酒店组织接纳为在中国的首家成员，于 1990 年被国家旅游局评为我国首批三家五星级酒店之一，1996 年，在国家旅游局举办的首次全国百优五十佳饭店评选中荣列榜首。

宾馆位于广州珠江北岸，地处沙面岛南侧，南临珠江白鹅潭，地理位置优越，宾馆的布局使得功能、空间和环境达到统一。公共活动部分，如门厅、休息厅、咖啡厅、餐厅等均临江布置，方便旅客欣赏江中美景。中庭采用整体的多层园林布局形式，公共活动空间又分为前后两个中庭，庭中设有园，园中有景，中庭"故乡水"飞瀑流涧，美不胜收。所有流动空间，如餐厅、休息厅、商场等围绕中庭布置，构成上下盘旋、高旷深邃的主体园林空间结构，动静相融为一体，色彩雅致，气势宏伟。客房主楼有 34 层，高 100m，一至三层为裙楼，集中布置公共活动空间部分，对空间进行扩大处理，将其体形设计成主楼的台座，并结合临江环境的特点，外设玻璃墙面，与中庭"故乡水"玻璃光棚形成内外通透、波光云影浑然一体的整体效果。主楼平面设计为"腰鼓"形状，南、北两个方向的阳台设计均出斜板构成，在阳光下产生阴影，因而显得雅致轻巧。

白天鹅宾馆拥有客房 843 间，无论是标准房、豪华套房还是商务楼层，室内装潢及设计都经过了深思熟虑，设备齐全，舒适温馨，处处凸显出以客为先的服务风范。白天鹅宾馆的室内设计特色是将室外的景观逐渐在室内展现，其空间设计重点是一个顶部采光的中庭。庭内主景为假山，山上有金瓦亭，瀑布由亭脚处飞流直下，山体的一侧刻有"故乡水"三个大字。主景寓意深远，发人深省，与宾馆接待海内外宾客的功能与要求非常切合。中庭周围分布环置各种厅室，它们与中庭形成了相互渗透的空间。中庭布置的假山、水池、曲桥、游鱼、山石、绿化、挑台等有机结合，构成了一幅十分生动自然的立体画卷。中庭沿江面是大型的玻璃幕墙，珠江景色，可以尽收中庭之中。中庭在四周的过道、过厅、餐厅、舞厅中使用了许多隔扇、罩、漏窗、"美人靠"等中国传统建筑中常用的要素，让人感到熟悉而有新意。

白天鹅宾馆的室内设计是中国本土建筑师寻求中国建筑特色的一个佳作。设计者吸取了中国传统建筑、中国古典园林和中国古代装饰艺术的精华，并在体现传统文化、时代气息和清新秀丽的岭南风格方面进行了成功的探索。设计者注重"空间组织"并善于与环境相结合。在宾馆的立面造型、内部功能、空间组织、室内

设计、材料色彩运用及传统与革新、统一与变化等方面进行了卓越的大胆探索与创新研究，从建筑艺术到使用功能等，都体现出了一流的现代室内设计水平和浓郁的中国特色。尤其是中庭公共空间和“故乡水”的设计和立意，匠心独具，堪称一绝。白天鹅宾馆室内装饰还体现出了超前的设计思想，突出了经济管理效益和环境效益，是我国引进的现代化旅馆中投资最少（每房间平均只 4.5 万元）的国际五星级宾馆。

白天鹅宾馆在实践中把国际先进的酒店管理经验与中国的国情进行结合，走出了一条融贯中西的酒店管理模式，在过去 20 年中，对国内综合商务型酒店的室内设计影响巨大，在国内室内设计的发展进程中也占有重要地位。

图 2-7　广州白天鹅宾馆家乡水

2. 广东中山温泉宾馆

设计人：佘畯南

建成时间：1980 年 12 月

建筑面积：3.6 万 m^2

资料来源：建筑学报 .1982，05：61-67.

中山温泉是我国第一家合资旅游企业，位于广东省中山市。

中山温泉宾馆总建筑面积为 3.6 万 m^2，基地面积为 8 万 m^2。宾馆总体布局的构思是以罗三妹山和温泉水为主题，形成了“前水后山，复构堂于水前”的景色。有 5 幢 2~9 层的主楼布置在宾馆东南部，沿着馆内从西向东的主要道路按功能程序进行排列，使建筑群在园林中突出布局构思的主题。馆内 10 幢别墅自成一区，并以湖水分隔，散布在基地的东北部。中西餐厅、宴会厅、高级温泉浴室、露天游泳池、商场、音乐茶座等功能空间组成公共服务区，布置在基地的中部。其他功能用房分布在下风向和比较隐蔽的西北部，以使建筑布局主次分明。

宾馆室内装修和陈设以适合人体比例的空间尺度进行处理，在立面处理上，大部分建筑采用金黄色琉璃瓦屋面、小檐以及釉面砖腰线，使水平方向分散布置的建筑群体空间形成了统一而富有变化的建筑韵律。按不同功能采取不同的装修设计手法。商场只作一般的装修处理，高级温泉浴室的墙面和平顶分别采用白色和蛋青色喷涂料，地面满铺绿色尼龙地毯，凸显浴室雅洁、大方的氛围。

图 2–8　中山温泉宾馆客房（图片来源：http：//image.baidu.com/）

宾馆作重点装修处理的有客房、主楼门厅、别墅、音乐茶座、餐厅和宴会厅。主楼门厅设计落地玻璃门窗，把视线从室内延伸到外部庭园，使空间相互渗透，显得格外亲切。金色花纹墙纸的平顶，加上点缀双龙吐珠的服务台和墙面上牙黄色的飞仙浮雕，使得大厅颇显活泼而典雅，凡有旅客光临，倍感亲切。会议室用落地银光刻画玻璃窗格装饰，显现了地方特色和民族格调。

宾馆灯具与建筑形式相协调，并注重灯光与内部空间的协调。主楼客房的荧光灯和餐厅、宴会灯具则为组合式吸顶灯，主楼门厅与各个别墅均选用了水晶花灯。家具在本次室内设计中起到了组织室内空间的作用，设置以现代形式为主，配以适量的古典形式，体现出现代生活气息与地方特色的结合，别墅的客厅和卧室布置了红木家具和花儿。

宾馆的室内外装修采用了新的材料，有塑料花饰墙纸、尼龙地毯以及墙面喷涂料等。在材料选择时考虑使用年限，将其质感和色彩与建筑功能进行良好的结合，使室内装修达到了既美观又经济的综合效果。

3. 深圳南海酒店

设计人：陈世民、谢明星、熊成新、华夏等，华森建筑与工程设计顾问公司

建成时间：1986 年

建筑面积：4.31 万 m^2

资料来源：世界建筑 .1993，4：36-38.

深圳南海酒店是深圳首间由国家旅游局评定的五星级酒店。酒店位于深圳蛇口，背山面海，位置极佳。酒店建筑面积为 4.31 万 m^2，共有套房 424 间。建筑周边拥有优美的自然环境，建筑构思考虑了建筑与环境的融合，基本结构为 5 个相似的矩形单元组合，并由 4 个锥形体连成面海的弧形体量，建筑自下而上形成了层层后退，与山形吻合的结构形式。客房设计面向大海，有十分开敞的海景呈现在旅客面前。

酒店于 2007 年进行了重新装修，室内设计体现了深圳作为开放型城市的特点，整体室内设计以现代滨海风格为主，中、西餐厅各具特色，在室内的地毯、桌椅、灯光效果等方面符合中、西方文化氛围的要求，尤其是在休闲餐厅

图 2-9　深圳南海酒店
（图片来源：http：//image.baidu.com/）

的设计上，一面透明玻璃墙将室外的水面引入到室内餐厅中来，内景与外景的结合将室内设计体现到了极致。

4. 深圳银湖旅游中心

设计人：林兆璋、陈威廉、陈立言

建成时间：1984 年

建筑面积：约 9000m^2

资料来源：建筑学报 .1986，3：60-65.

银湖旅游中心是深圳市政府重点发展的旅游区，并于 1984 年基本建成了一个食、住、购兼备的现代化旅游区，中心既有供豪客享受的园林别墅，又有舒适雅致的宾馆供普通旅客使用。银湖旅游中心全部采用中央空调系统，宾馆内共设有 132 间双床客房，建筑面积近 9000m^2，室内装修采用国际通行的双床式室内设计。宾馆内附有酒楼、商场、康乐中心、国际会议中心等配套设施。

银湖中心的总体布局采用渐进收取式的空间序列。中心在各个使用功能不同的建筑体量之间，以庭院绿化的组织设计手法进行分隔，使其功能分区更显明确清晰。

标准客房是旅馆的灵魂所在，中心把标准客房独立成一组建筑，并把它安排在中心心脏的位置上。七座别墅在离宫别苑中均衡分布，十分协调。每座别墅分别形成一个独立的小院庭，入口处设置名家题匾，内院布置池或榭，水阁相间，绿树青草环绕。酒楼外观体现重台叠阁，建于银湖之滨，位置突出，是一座配套设备完善、装饰格调高雅的中式酒楼。

中心每个单体设计都十分简洁明快，不作多余的线条处理，但单体组合起

图 2-10 深圳银湖旅游中心
（图片来源：http：//sh.etaocn.com/hotel/index.do？shopId=440302000039）

来又富有变化，层次分明。屋面设计以平顶为主，通过结合中国传统格调，局部采用琉璃小檐，突出了建筑的传统风貌。“银湖”的群体建筑注重淡色调，设计采用了一系列淡素的象牙黄色、淡黄的琉璃小檐、淡黄的墙身粉饰等色彩结构。

中心的室内设计运用了广州传统的建筑装饰构成元素，并采用了与新材料及新技术相结合的处理手法。套色玻璃配有各种颜色，用作窗扇或屏门的格心装饰，通过套色玻璃所特有的透明色光效果，凸显晶莹而华丽的光辉，点缀在淡雅的粉壁上，有一种华而不俗的美学效果。中国古典建筑常采用通雕木花罩作为空间分隔的手段，隔而不断，使空间层次更显丰富多彩。花罩、分飞罩及落地罩等几种装饰部件都是银湖酒楼内较多采用的几种飞罩，二号别墅会议厅内的雌竹落地罩则由来于顺德清晖园碧澳草堂前的落地罩，更增加了室内装修的内涵与特定氛围。

5. 汕头经济特区龙湖宾馆

设计人：刘季良、柯长坤
建成时间：1984 年
建筑面积：5200m^2
资料来源：建筑学报 .1984，08：33-37.

汕头市龙湖宾馆是粤东地区首家高星级的涉外酒店，宾馆建筑面积为 5200m^2，共有床位 104 张，客房 52 间（双套房 9 间）。龙湖宾馆是一个低层的联合体建筑。北面 3 层为客房楼，东、南面为 2 层的公共活动空间用房，西北角为单层厨房，组成了一个中心庭院和四个小内院的整体空间布局结构。单间客房的居住面积为 17m^2，卫生间面积为 5.9m^2，双套间另外再增加一间

图 2-11　汕头经济特区龙湖宾馆
（图片来源：http：//www.stlhhotel.com/）

面积为 $26m^2$ 的厅。客房与走廊净高 2.75m，室内设计注重塑造地方艺术氛围，厅、房和其他许多地方都陈列有潮汕画家的名作，题材均以地方风貌为主，再罩以无反射光的玻璃镜面，为宾馆创造具有中国南方民族特色的国画艺术的美的氛围。

宾馆设计通过现代化设备与园林式结构的展现，显现出其环境的幽静雅致和独具一格。宾馆内设有根据功能风格的不同而装修各异的大型宴会厅、中餐厅、西餐厅、咖啡厅、酒吧茶座以及具有现代气息的金银台夜总会、娱乐中心、理疗中心、康乐中心、美容中心、商务中心、商场等一系列配套设施，同时还设有功能齐全的龙湖会议中心，为旅客提供精心的服务。

宾馆造型与装修的特色是其中的三厅八景。三厅是指多功能厅（金银台）、大餐厅（碧海）及小餐厅（珠池）。八景是指建筑庭院中的八个景观组合群落。宾馆的布局设计形成了内外、上下、大小不同的若干庭院，根据各庭院的功能、环境要求设计了八个景组，成为了互为映照、彼此呼应的空间组合，从不同方面表现龙湖宾馆的独特性格。

6. 武汉晴川饭店

设计人：袁培煌

建成时间：1984 年

建筑面积：2.25 万 m^2

资料来源：邹德侬. 中国现代建筑史 . 天津：天津科学技术出版社，432.

晴川饭店位于武汉市汉阳鹦鹉洲晴川阁旁边，是武汉市建设较早的高层涉外旅游旅馆。饭店建筑面积为 2.25 万 m^2，共有 387 间客房，床位 600 余张。饭店主体建筑总高 87m，共有 25 层。高层主体建筑的设计呈方塔形，造型简洁的特点凸显雄伟挺拔的建筑体量。主楼层的“排廊”仿佛重檐结构，顶部的瞭望廊又似屋顶，通过运用现代建筑的表现手法，使之与晴川阁、桥头堡形成协调、默契的空间组合。室内设计大多采用国产地方装饰材料，如怡翠园的竹厅，知音馆的木雕，表现的都是民间格调。室内装饰在大餐厅、门厅

图 2–12 武汉晴川饭店
（图片来源：
http：//image.baidu.com/）

配合绘制了大面积的壁画，瘦立的柱体与大理石剖光的地砖，再加上白色的中央大吊灯，配以均匀布置的室内绿色植物，凸显整体设计风格的简约和秀气。内部庭院设有喷泉、石雕等小品环境，利用水榭曲廊来进行空间分隔，层次更加丰富。

7. 桂林桂山大酒店

设计人：龙良初

建成时间：1988 年

建筑面积：客房 607 间

资料来源：建筑学报 .1998，12：48-49.

桂山大酒店背依漓江，面向小东江，酒店四周环境优美，青山依傍，绿树环绕。酒店建造于 20 世纪 80 年代，是当时桂林市乃至广西壮族自治区规模最大、环境最佳、娱乐配套设施最齐全的四星级酒店。酒店的室内装修特色在于与内外景色的和谐搭配，仿佛置身于大自然之中。桂山酒店独有的庭院式建筑共占地 8 万 m^2，错落有致的楼层，配以白色的粉墙和金色的琉璃瓦，与周边的青山绿水形成了协调统一的整体。

酒店建筑采用庭园式的布局结构，依据功能、地形、环境、庭园等要素进行灵活布局，空间形成了自然、交融、流动的整体构图，这也是对称与非对称的结合，不刻意强调中轴线的作用，而是以分散的、多变的、灵活的空间组合适应环境，体现环境，这种无定势的本身正是建筑与环境共存的自然规律。与其他建筑样式相比，空间处理同样采用水平线条的处理，同样引用通透的空间结构，也同样是民居的表现形式，但是通过雅朴的色彩以及地方材料的运用，舍弃表面的豪华，回归本质、自然的形式，从总体上创造了建筑的美感。桂山

图 2–13 桂林桂山大酒店
（图片来源：
http：//www.guilintravel.cn/article/show-hotel.asp？id=31）

图 2-14　云南傣族竹楼式宾馆
（图片来源：http ://image.baidu.com/i）

大酒店的细部结构注重以不对称屋面为母体的运用，形成了与自然山水非常和谐、生动统一的韵律，特别是建筑师打破传统的坡顶与坡顶相连接的组合模式，而积极探索平屋与坡顶的有机组合形式，摒弃繁琐，力求简洁，极富创意，着力表达建筑的地方特色和现代精神，在新的领域上体现具有时代特征的桂林建筑风格。

8. 云南傣族竹楼式宾馆

设计人：石孝测、赵体孝、张洞燕等，云南省建筑设计院

建成时间：1984 年

建筑面积：$49m^2$

资料来源：建筑学报 .1985，12：50-51.

这幢傣族竹楼式宾馆位于云南省西双版纳，其造型新颖，装修别致，具有浓郁的地方民族特色。整幢宾馆的建筑面积为 $49m^2$，共分为上下两层。宾馆在有限的空间中设有敞厅、会客厅、起居室、卧室、阳台等，共可以容纳 6 个床位，带有卫生间、壁橱、空调、彩电等，配套设施齐全，实用大方。宾馆平面设计采用传统的傣族竹楼式的布局结构，由廊、展、亭、榭组合成为“T”字形结构空间，底屋架空、通透，供休息、接待、服务之用。整个宾馆建筑造型轻巧，采用和傣族民居形式相似的高低错落、大小对比的傣族歇山式屋面，形象精巧逼真。宾馆的室内设计采用地方材料，利用竹木组成花格花饰，外廊走道用富有弹性的竹席铺设，走进宾馆，犹如进入傣族的竹楼，浓郁的地方特色显露无疑。

2.3　其他公共建筑中的室内设计

自 1979 年改革开放以来，外资的利用取得了很大的进展，海外华人来大陆投资也已成为国内利用外资的重要组成部分。外资企业的入驻对我国的办公环境和配套设施提出了更高的要求，所以，这一段时间，除了宾馆的室内设计有了发展外，办公等其他公共空间的室内设计也有所发展。国内室内设计行业的局限性，使有的企业直接从国外带来先进的设备，并由外方人员前来装修，促使我国的室内设计也必须适应形式，积极寻求向前发展。

1. 广州中国南海石油中心“珠江帆影”

设计人：卢小荻、陈德翔

建筑面积：22 万 m^2

资料来源：建筑学报 .1986，02：56-62.

南海石油中心的总建筑面积为 22 万 m^2，是个多功能综合体建筑，既满足了南海石油中外石油公司生产指挥中心行政办公和专家生活居住的功能需要，又兼具旅游、通信、康乐、健身、休憩、购物、饮食等多种功能于一体，并在建筑一层开辟了滨江公园。

整个建筑采用了“台座式综合体”的表现手法，即使用平台（或称垫楼）将各幢建筑连接起来，形成通畅的联系空间。首层设为滨江公园，平台之下还设有地下层，地下主要设置机电技术用房、后勤管理用房，各种库房、小汽车存放库等配套设施，同时也是工程管网和供应运输通道的走廊。裙房的一、二、三层设置公共活动空间，空间根据不同需求，设为一层大众化、二层中档、三层高档（指饮食和商店服务）。天台层以上则供各幢塔楼的住户和宾馆客人使用。各幢塔楼设计安排居住、办公等要求安静、不受干扰的使用功能内容。

在室内外空间的设计中，三处为中心，分别为西区滨江公园露天开敞的外部共享空间、宾馆大堂、东区商场的内部共享空间等，这些空间作重点处理。宾馆大堂内部共享空间，进入大堂，就会被那条顶光明亮、贯穿三层的曲线回廊以及上下移动的观光电梯形成的空间氛围所感染。继续向前，进入的是休息空间，透过大片玻璃幕墙可以看到滔滔的珠江流水、水中的百舸争流、对岸风景、海珠铁桥和西区露天庭园，美景尽收眼底，自然风光就好似巨型壁画环绕大堂，引人入胜，达到别具一格的整体室内景观效果。东区的商场中心，顺应高层建筑承重结构的布局形式，设计了一个不规则形的中庭。中庭设有喷泉，象征南海石油巨龙源源不断，喷射不止，喷泉后面 45 度方向设有导向的自动扶梯缓缓不停地引人上升，周围的树木、花卉、草坪、座椅与水平延伸的回廊搭配，为顾客提供了一个休息欣赏的公共空间。

滨江茶座餐厅

广东民间的帆船

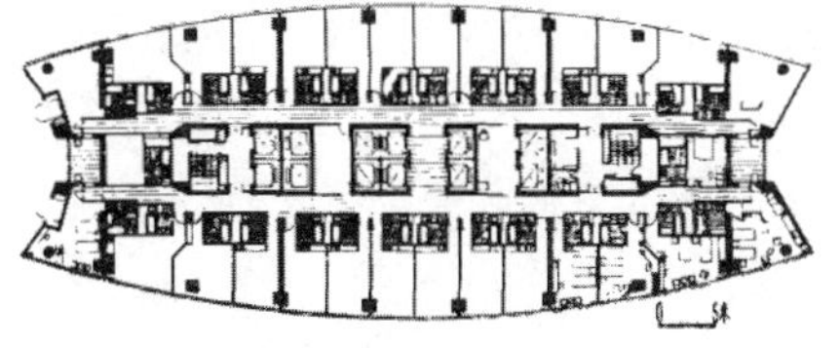

宾馆标准层平面

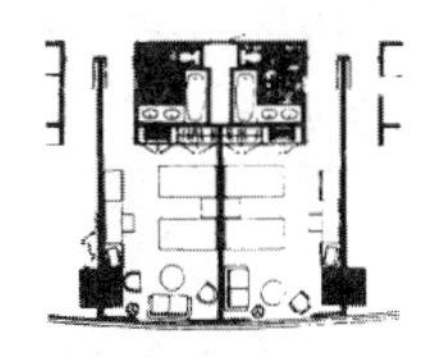

标准客房平面

图 2-15 广州中国南海石油中心“珠江帆影”
（图片来源：
建筑学报 .1986，2：56-62）

2. 深圳国际贸易大厦

设计人：黎卓键、袁培煌；工程：朱振辉、陈松林

建成时间：1985 年

建筑面积：9.9789 万 m^2

资料来源：建筑学报 .1986，08：62.

深圳国际贸易大厦坐落在深圳市人民南路与嘉宾路交界东北侧的罗湖商业区高层建筑群的中心地段，是一座由中国人自行设计、施工并实施物业管理的综合性多功能超高层建筑。国贸大厦是“深圳经济园的窗口”，同时也是“中国改革开放的象征”，是中国改革开放的产物，具有浓厚的时代特征。

参与设计、施工的中建三局一公司运用独创的建筑新技术——滑模法，使国贸大厦于 1984 年 4 月 30 日，比计划提前 1 个月封顶完工。国贸大厦共 150m 高，是当时全国最高的建筑，国贸大厦的建设创造了“三天一层楼”的新纪录，“三天一层楼”的“深圳速度”也在这里诞生，并最终成为深圳和中国改革开放的一个最鲜明的特征符号。

国贸大厦主楼地下 3 层，地上 50 层，并设置第 24 层为避难层，第 46 层屋顶部分为擦窗机平台，第 49 层为旋转餐厅，第 50 层为直升机的停机坪。国贸大厦的室内设计采用了当时先进的技术与材料，设计也注重与大厦现代功能的统一，裙楼地下 1 层，地上 4 层，其中布置有中庭、商场、出租商店、餐厅、酒吧、咖啡厅、会议厅等功能空间，并设有地下停车场设施，多种功能的空间划分又通过室内设计的不同，使得建筑更加富于场所感。该建筑是深圳开发初期的有广泛影响的高层建筑，在一个时期内占据着全国最高的位置。

3. 广州国际科技展览贸易交流中心

设计人：刘荫培

建筑面积：4 万多平方米

资料来源：建筑学报 .1986，06：58-61.

广州国际科技展览贸易交流中心（以下简称中心），是一座为科技展览贸易交往活动而兴建的大型综合性建筑。中心包括国际展览馆、出租办公楼和中央酒店三大部分。其中共有展览厅面积为 6300m^2，出租办公楼面积为 4000 多平方米，旅业客房 234 间和一处兼容 400 座的多功能会议厅，总建筑面积为 4 万多平方米。

中心是一座 6 层的建筑物，首层布置为展览馆，2~6 层布置旅业客房和出租办公室，酒店门厅和办公楼门厅以及中西餐厅、商场、酒吧等公共空间均布置在二层，服务上、下两个功能部分，并在首层展览馆的门厅与二层酒店的门厅之间设置两台自动扶梯，以使中心内部交通联系非常方便，形成了一个有机统一的整体。

中心集展览贸易、办公旅业等功能于一体，其中，科技展览贸易则是中心

的灵魂，所以中心建筑造型的要求就是主要突出科技展览建筑的性格。中心的建筑外形做成了简洁明快的几何形体，办公楼采用一个弧形的体量并嵌以曲面的镜面玻璃幕墙，酒店采用了流畅的水平折线做法，展览馆的圆形休息厅直径有 16m，采用的是顶部采光，外观看上去是一个巨大的圆柱体。中心通过和谐的空间组合表现出了科技展览建筑的形象，个性鲜明。

1　首层平面

①门厅；②休息厅；③展览厅；④厨房；⑤仓库；⑥副楼；⑦污水处理站；⑧水池

2　二层平面

①平台广场；②酒店门厅；③总服务台；④业务用房；⑤酒吧间；⑥西餐厅；⑦写字楼门厅；⑧商场；⑨中餐厅；⑩会议大厅；⑪休息厅；⑫游泳池；⑬展览平台；⑭门厅上空

图 2–16　广州国际科技展览贸易交流中心平面图（图片来源：建筑学报 .1986，06：58-61）

展览馆大门是整座建筑物构图的中心，在广场中间占据着显著的位置，由大小两个圆柱体和平行四边形的顶盖组成，尺度巨大，显示出宽敞大方的空间效果。此处给予了重点装修设计，并由广州美术学院在大圆柱体上刻上“友谊之路”的津筑浮雕，在小圆柱体上饰以“中国古代四大发明”的仿古铜装饰字样，点出中心整体设计的主题思想。

中心的外墙采用国际上流行的灰色，灰色具有科技的含义，并选用银灰色的金属喷塑饰面材料与镜面玻璃幕墙相配合，在阳光照耀之下、绿树掩映之中，熠熠生辉，令中心备添魅力。

4．洛阳古墓博物馆

设计人：中房洛阳公司设计室，机电部第四设计研究院

建成时间：1987 年

资料来源：建筑学报 .1990，1：59-60.

洛阳古墓博物馆是中国的遗址性博物馆。博物馆位于河南省洛阳市北部的景陵（北魏世宗室武帝陵）村，用地面积约 $3hm^2$。

博物馆分为地上、地下两部分。地上部分设有汉白玉雕成的仿汉门、序幕大殿和东、西两侧殿。东侧殿是原始社会、夏、商、周墓葬模型陈列室，历代葬具陈列室和丧葬仪式陈列室。古墓群距离地表有 7m。地下建筑呈“回”字

图 2–17　洛阳古墓博物馆（图片来源：http：//putiwusu.blog.163.com/blog/static/580648522009414113750917/）

形布局结构，分为两汉厅、魏晋厅、唐宋厅和精品厅。两汉厅、魏晋厅和唐宋厅陈列相关朝代的典型文物，精品厅则陈列两汉典型艺术品和墓室壁画、临摹画等。连接四个厅的墓道，两侧是搬迁复原的历代典型古墓葬展览。

唐宋墓道共有 2 座唐墓以及 5 座宋墓。唐墓中出土的一批唐三彩，烧造技术成熟，在艺术上创造出了健美、雄浑的风格。宋墓都是仿木结构的砖室墓葬，大多绘制有壁画，或者是砖雕人物花草、朱门假窗、斗栱飞檐，可以看做是立体的"营造法式"，壁画在题材、内容、色调、风格上均与汉唐有所不同，集中展现了宋代家庭及社会生活的场景。精品墓道的两侧设计复原有 4 座洛阳出土的最好的壁画墓。

洛阳古墓博物馆采用"修旧如旧"的设计手法，室内保持了古墓原有的历史文化氛围。古代墓葬大多呈现当时的建筑风格，因此古代墓葬的展现为古代室内设计的研究提供了素材，为现代室内设计提供了多元的艺术熏陶。

5. 广州西汉南越王墓博物馆

设计人：何镜堂、莫伯治等

建成时间：1989 年

建筑面积：4800 多平方米

资料来源：建筑学报 .1987，1：56.

西汉南越王墓博物馆位于广州象岗山南越王墓遗址处，南越王墓是岭南地区年代最早的一座大型彩绘石室墓。南越王墓是公元前 120 年前的第二代南越王赵眛之墓。博物馆的主要任务是保护和陈列墓室和出土文物。首期工程部分包括陈列馆和古墓室，完成于 1989 年。二期工程为珍品馆，完成于 1993 年。

西汉南越王博物馆建在象岗山之上，以古墓为中心，并结合陡坡和山冈的地形，依山而建，拾级而上。博物馆在外形、装饰及选材方面也独具匠心，陵墓的石室采用的石材主要是红色砂岩，因此展馆的三个组成部分的外墙也是用红砂岩作衬面。

图 2-18 广州西汉南越王墓博物馆

博物馆设计是一个尊重历史、尊重环境、立意新颖、具有很高文化内涵的设计作品。馆内功能布局合理，空间造型既与历史文化一脉相承，又富有现代建筑的特点。在内部装修中，运用经过提炼的汉代建筑语言，体现了建筑的地域性特点，又使2000多年的历史文化信息得到了传译。整个空间环境显现浑厚、沉稳。

6. 四川自贡恐龙博物馆

设计单位：中国建筑西南设计院

建成时间：1987年

建筑面积：6000m^2

资料来源：建筑实录.56-58.

自贡恐龙博物馆占地2.53hm^2，主馆建筑面积为6000m^2，主体建筑采用集中布置的方法。馆前布置绿化广场，并用具有旋转动态的恐龙群雕为主导，形成具有粗犷美的馆前空间格局。

博物馆新建恐龙馆的主体建筑包括埋藏陈列馆、各种恐龙化石装架陈列馆、古生物标本陈列馆和报告厅、会议厅、贵宾接待室等功能空间，还保留有一个完整的地质剖面。整个博物馆的形体空间，用简练、完整的巨石形体搭配，体现粗犷、朴实、浑厚的艺术风格，并结合化石发掘的现场，顺应地势，保留发掘场地地质剖面的风貌。平面布局与功能空间、参观线路等组合成统一的整体，使其既与环境协调，又能与古时代恐龙埋藏环境的主题相统一。

层层堆叠的巨石形体的主体建筑入口就像是石缝裂隙，进入门厅，门斗顶棚处的螺旋形的旋涡纹样，预示出恐龙时代的此地是山洪冲击地区。进厅石壁上刻有八个金字“恐龙群窟，世界奇观”，而顶棚是圆锥形的藻井。中央大厅布局有不同层次的各陈列厅室，大厅上面为采光亮顶。参观者可以选择根据引

图2–19　四川自贡恐龙博物馆
（图片来源：http：//www.wlcxx.cn/article/view12757.aspx）

导的顺序参观，也可以有重点地进行参观，平面布局紧凑，功能合理，呈现出了舒畅的流线程序。富有变化的中央大厅，既可用作输配人流的中枢，又能成为人们休息和观赏的场所。同时，将各展厅和地形高差均等、有机地结合起来，在大厅，通过半月形开口可以看到地下最为集中的恐龙化石堆。进入地下展厅，参观者可以近距离观看化石，四周的石壁天然成趣，光线昏暗，仅有顶部透光通过月形孔洞射在化石上，给人以神秘莫测的远古时代的气氛。装架的陈列馆层高比较高，满足了大型恐龙装架尺寸22m长、10m高的陈列，为大跨度的空间，观众也可从二楼和过廊上俯视展品。埋藏馆四周和中间均有参观走廊，还有外露的三角形立体棚架，采用顶部自然采光，光线柔和而真实，照明重点投射在化石之上，低矮的层高，不设多余装饰，观众的注意力则自然集中在化石上。

建筑外部以浅茶色石质面砖和青石砌体为主调进行装饰，下部无釉的石质面砖的材质好比被洪水冲得较圆滑的巨石，与下部表面凹凸变化强烈的青石砌体材质在材料质感上形成强烈的对比。室内设计色调也是以深浅不同的茶色与青石砌体色作为基调，古朴、典雅的整体效果与本馆性质相合。

7. 重庆航站楼

设计人：布正伟

建成时间：1984 年

建筑面积：10.2 万 m^2

资料来源：新建筑 .1984，04：34-39.

重庆机场作为国家“七·五”计划重点工程，配备有先进的通信导航设施，可以全天候起降超大型客机。

机场航站楼的西向立面以实墙为主，在形体的构思与处理中，由异形孔洞、悬挑“面具”（两台电子监视设备恰好安装在它的“眼睛”上）以及两侧雨篷上的像山脊似的红色钢构架等组成了立雕语言系统，这样的处理方法远比其他装饰、绘画（包括壁画）更能表现出航空港的个性特征。设计构思的出发点并不是要象征大鹏展翅，而是要赢得一种惬意的动势感。

航站楼设计中那悬挑的“面具”不仅有表情，而且在空间构图上与中段顶部向北（高侧天窗一侧）“一涌而起”的大动势协调均衡。“面具”下部实墙上有一组水波形的深孔（嵌有蓝色玻璃），与室内环境的设计巧妙地结合起来，中央大厅墙面上采用类似几何构件叠加的巨型挂雕——这些水波形的蓝色窗洞成了巨型彩色挂雕“阳光之歌”的有机组成部分。与此同时，整体设计在曲线形固定条凳（结合人流走向布置）、北侧天窗悬挂的各色“山花”彩旗以及喷水池中“红鸟”钢雕等的烘托下，使得中央大厅的内部环境与航站楼外部的形象一气呵成而富有时代气息。

航站楼中由石、砂材料构成的素雅的空间背景，把三个系统——标志动态系统、座椅柜台系统和环境艺术作品系统（挂雕、立雕、装饰彩旗等）反衬得尤为突出，塑造了现代空港的特有氛围。红、黄、蓝、绿、白、黑是重庆航站楼室内配置的各种设施的单纯色，并在空间中作了巧妙的安排。如在指廊候机大厅中，按照两侧不同的候机区，分别以不同颜色的连排座椅显示区分；在其中央通道上空又分别悬吊超长的黑色动态翻板、大尺度黄底黑色图案的标志灯箱等识别物件；又在指廊大厅一端的快餐厅（作为长向空间的底景），按照进餐流程布置了白色的通长条形桌面和红、黄、绿三个区带中的高脚凳。各种器物自身单纯的颜色，不仅仅起到了室内"重点色"的提神作用，而且也大大丰富了大空间的层次以及透视效果。

迎候厅室内设计的重点在于空间序列中两组"小环境"的创造。一组位于通长铝门窗的两侧，包括落地青石浮雕（一对"飞天"石刻）、条形石凳以及六边形石栏（内置铁树盆栽）。另一组小环境则由设置在中央通道两侧的天井处，由水池、悬挑花池和金属抽象雕刻组成。不论是不锈钢的抽象雕刻，还是青条石墙面上的石刻，这都是第一次把它们引进到国内公共建筑的大厅里来。

8. 西昌民族贸易商店营业楼

设计人：阮长善、叶学彦

建成时间：1983 年

建筑面积：7000m^2

资料来源：建筑学报 .1986，01：67-69.

西昌民族贸易商店楼是一幢综合性的建筑，其功能是以经营百货、五金、交电、化工、糖果、烟酒、干杂、餐厅等为主，还设有凉山州五金公司办公室、单身宿舍和招待所等用房，建筑总面积 7000m^2。

商店的主要部分是一个主体六边形的大厅，大厅的设计打破了一般盒子式商店空间的沉闷感，在大厅中部做成了二层的大空间，上设采光通风屋顶，并用富有民族色彩的灯束由上至下贯穿其间。其底层为百货营业大厅，二层回廊式的空间则安排五金交电化工商店。二层空间的组合互相渗透，开敞流畅，采光通风良好。营业大厅的顶部，利用灯具、色彩等装饰手法构成彝族同胞所喜闻乐见的环形图案，与中部灯束相呼应，用来渲染大厅整体空间的民族气氛。

在立面的处理上，强调比例、色调，凸显朴实大方。在选材方面，大面积采用普通材料，而在局部点缀较高级的材料，如外墙面均采用当地产的绿色石子、水泥石装饰，主入口的局部采用大理石材料，地面大面积运用普通水泥水磨石铺设，而在局部用白水泥水磨石。在某些建筑配件方面，也采用了简易的处理做法，如在直径约 11m 的采光通风屋顶没有采用钢化玻璃等较高级材料，而是用乳白色玻璃钢，大厅中部的灯具，也不采用高级灯具，而是用圆筒形成的灯罩加以改造而成的，使整个商店大楼设计具有典型的民族特色。

2.4　住宅紧缺与住宅室内设计

2.4.1　20 世纪 80 年代住房紧缺带来的住宅建筑大发展与室内设计的应对

1949~1977 年,人口增长速度远超住宅增长的速度,因此解决住宅的“欠账”成为了这一时期刻不容缓的问题。

1978 年 9 月 7 日至 13 日，国家建委召开了城市住宅工作会议，就怎样加快城市住宅建设问题提出了规划与设想。1978 年 10 月 19 日，国务院批转国家建委的《关于加快城市住宅建设的报告》，要求加大力度建设城市住宅，迅速解决职工住房紧张的问题，并要求到 1985 年，城市人均居住面积要从 1978 年的 3.6m^2 增长到 5m^2。这个时期，住宅建筑的发展和进步以及人民生活水平的提高，对后来的家装热潮产生了深远的影响。

1. 商品化的新概念，要求标准有所调整

住房制度的改革使住宅建设开始进入商品化的轨道，并为住宅设计管理提供了理论基础和先决条件。

1982 年 4 月，国务院原则上同意了国家建委、国家城市建设总局的《关于城市出售住宅试点工作座谈会情况的报告》，也因此揭开了城市住宅商品化的序幕。

住宅商品化的出现，意味着人们开始有意识地自主选择住房条件，这和福利分房的被动性享有有本质上的区别，说明人们的传统观念在逐渐改变，同时对自身生活品质的要求也在逐渐提高，因此，原有的住房模式，包括家庭装修模式，已经满足不了人们的需求，人们对家庭装修设计的要求也更高并且出现了多样化的需求。市场的需求为室内设计带来了快速发展的良好时机。

2. 从竞赛看住房转型，新概念的初现

1979 年原建设部举办了“全国城市住宅设计方案竞赛”，这是中断了 22 年后举行的一次动作最大、规模最大的方案竞赛活动，并首次提出了“住得下”、“分得开”与“住得稳”的住房建设要求。

随着人们对住宅要求的提高，这个时期住宅设计的竞赛也引领着住宅设计的方向，向着更加灵活多变的方向前进。

1991 年举行了“全国‘八五’新住宅设计方案竞赛”，这次活动更加注重功能改善，住房建设开始从追求数量转为讲求质量，由粗放型向精细型转换。竞赛出现了空间利用的许多表现手法，如变层高、复合空间、坡屋顶、错层设计和四维空间的设计等，这也使住宅设计模式有了较大的变化和进步。

住宅新概念的出现，使得住宅的内部空间划分更加丰富，布局形式也更加多样，这也为室内设计的发展提供了更加广阔的平台。

3. 开辟多样渠道，回归人本精神

住宅规划设计逐渐尝试新的概念和表现手法，使住宅设计逐渐摆脱被不合理的外界条件限制而造成的人本精神的失落，也为新式住宅的起飞助跑。例如：

1）更新住宅的类型。针对不同城市，不同的人口构成，不同职业、年龄和生活习惯的居民，设计出适合不同层次要求的各类住宅。

2）内外环境的设计。住宅建设已不仅仅是单体的设计，建筑师们更加注意将地形、环境等室外元素引入住宅，让住宅与环境相融合，逐渐形成了风气，环境设计也成为了不可或缺的室内设计组成部分。为了提高室内空间利用的效益，越来越多的人开始注意室内设计。各地建筑师们不仅仅精心研究厨房、卫生间的设备布置，还注意了门斗、壁柜、吊柜、阳台、窗下食物柜等建筑内部细节的设计，建筑标准设计研究所还做出了一套组合家具系列设计，这也表明室内设计正在向专业化前进。

3）延伸城市的文脉。住宅是城市的重要组成部分，原有的城市文脉应该在新建住宅的整体空间上得到延伸，使住宅不仅是居住的场所，更是城市的有机组成部分，如北京菊儿胡同新住宅为延伸四合院的文脉做出了榜样，苏州桐芳巷新建住宅也做出了成功的探索。

4）再现别墅类型。在一些发达的地区，出现了别墅式住宅，满足外方或企业家的高档需求，如深圳的情景花园，使多年不见的住宅类型——别墅重新出现。然而，由于用地和自然条件的限制，许多住宅缺乏别墅建筑的完善的配套设施，有其形而无其意。

5）高层住宅的勃兴。因为城市人口的剧增和用地的紧张以及建设单位迫切提高用地容积率的愿望，加上"高层建筑就是现代化城市的标志"这一片面认识的作用，住宅层数呈现出逐步增加的趋势。在一些大城市，过去已经萌芽的高层住宅此时得到了迅速的发展。在高层住宅的平面布局中，也相应完善了消防功能，造型上也有了一些创新。然而，高层住宅在一些历史文化名城和风景园林城市中，对原有的城市格局和氛围造成了不同程度的破坏，也给城市市政设施带来了沉重的负荷，高层住宅也逐渐引起了一些城市内部小气候环境以及居民的心理健康问题，高层住宅的发展也日益引起人们的重视。

2.4.2 家装市场兴起的前夜

正如前述，1949~1977 年，人口增长速度远超住宅增长的速度，解决住宅的"欠账"已经成为这一时期刻不容缓的问题，对此，国家也采取了多项有力措施。1979 年，原建设部开始举办"全国城市住宅设计方案竞赛"，不断出现许多住宅的新概念，例如"住得下"、"分得开"、"住得稳"、"小方厅"、"套型"等概念，住宅的平面布局模式也逐渐向现代生活功能空间靠拢。住宅建筑的发展与进步和人民生活水平的提高，都对后来的家装热产生了巨大的作用。这个时期住宅对室内的影响表现在两个方面：一是更新了住宅类型，根据不同城市，不同人口构成，不同职业、年龄和生活习惯的居民要求，设计出适合不同功能要求的各种类型的住宅，从注重卧室、客厅等功能分区明确的平面设计到讲究

“三室一厅”、“大厅小卧”等有关人们居住舒适度的方案，表现出了住宅空间发展的变化；二是户型内部设计方面，为了提高室内空间利用的效益，建筑师们开始注意室内设计的细部。各地建筑师不仅仅精心研究了厨房、卫生间等服务空间的设备布置，还注意了门斗、壁柜、吊柜、阳台、窗下食物柜等建筑细部组件的设计。这种发展趋势也为后来室内设计师探索先进的住宅室内装修提供了条件。

在这个时期，全国出现了一些住房建筑内外设计与周边环境相结合的案例，比如郑州市回民公寓。郑州市回民公寓[①]位于郑州旧城中回民比较集中的地区，也是当地主要的拆迁改造项目之一，并于 1987 年 7 月建成，建筑面积有 9255m^2，户均建筑面积 46.6m^2，共设计建造了三种单元和四种户型，同时调整了每种单元的数量与层数用以满足户室比的要求（户室比为：一室户 17.5%，一室半户 45%，二室户 20%，二室半户 17.5%），这样的设计既有构件简单、方便施工的优点，又便于进行灵活性的分配。各种类型的户型居室都有良好的通风和朝向，全明厨厕设计，较大地提高了当地群众原有的居住条件。考虑到在旧城回民集中地建造回民住宅的特殊性，设计注意了尊重民族的感情、尊重城市的文脉，在建筑造型设计中吸纳了伊斯兰形式的某些特征，并对楼梯间、水箱间作了重点处理，使得沿街立面的高低、前后、虚实、繁简富有节奏变化的趣味，具有明显的回族文化特色。

住房的紧缺带来了住房建筑的大发展，为室内设计搭建了广阔的平台，随之而来的人们对于生活品质要求的提高又为室内设计提供了动力，室内设计随着住房建筑的发展变得多样化，家装市场的兴起成为必然。

---

① 建筑学报 .1989，11：18-19.

第3章　中国当代室内设计的探索发展（20世纪90年代初期至20世纪末）

20世纪90年代是我国的室内设计迅猛发展的年代，主要原因是国民经济飞速发展，人民生活水平日益提高，改革开放的力度不断加大，内外交流也更加频繁。建筑的数量与类型增多了，对室内环境的要求也相应地更高了。如果说20世纪80年代设计的对象多为宾馆与酒店，那么，20世纪90年代已经涉及行政、金融、贸易、文教、交通、餐饮、娱乐、休闲、旅游以及体育等各个领域。

3.1　经济转型下的室内设计新思维

1989年6月，中国共产党第十三届中央委员会第四次全体委员会召开，及时纠正了党内的错误倾向，重新确立了以经济建设为中心的四项基本原则，坚持改革开放的方针政策，进一步加大中国对外开放的步伐。会上，邓小平指出："改革开放政策不变，几十年不变，一直讲到底。"因此，90年代，中国的市场化经济得到了更加深入的发展，市场的春风已渗透到中国的大江南北，到处呈现出新的风采。

1992年，邓小平同志发表"南巡讲话"，给中国市场经济的进行及生产力的快速发展提供了有力保障及重要的政策支持，随后，我国的经济发展轰轰烈烈，各行各业都有了很大的收益，人们的生活水平也上了大台阶。因此，在这一时期，建筑装饰行业室内设计的各个方面也都有了新的进展。

3.1.1　市场的延续与整治

改革开放以来，我国的建筑装饰行业与之同时起步并发展，形成于20世纪80年代末。1991年举行的七届全国人大四次会议上，建筑装饰行业明确列入了我国国民经济和社会发展十年规划和"八五"计划之中。国家在1993年确定实行社会主义市场经济体制，使得从1978年起步即开始实行的社会主义市场经济的建筑装饰行业，比全国统一实行的社会主义市场经济整整提早了15年，给正在艰难转轨欲成为国民经济三大支柱产业之一的建筑业提供了一种现成的模式。可以说，建筑装饰行业是整个建筑业以及全国各行业中最早并且较成功地实行社会主义市场经济的少数几个行业之一。

20 世纪 90 年代是我国经济迅速发展的十年，也是广大人民解决了温饱问题后奔向小康生活的十年。经济的发展大大促进了办公类建筑和商业类建筑的兴建，使得建筑装饰行业的新的发展增长点从楼堂馆所的装饰装修转向了办公和商业建筑的装饰装修。同时，从 20 世纪 90 年代中期开始，家庭装饰业作为建筑装饰行业的一个分支，开始逐渐走向社会，走进了千家万户。如果我们说 80 年代的建筑装饰是间接地为人民服务，那么 90 年代的建筑装饰就是直接为人民服务的。

在此期间，我国开始实施相应的资质管理标准，对从事装饰设计与装饰工程活动的企业进行资质认证。1995 年颁布的《建筑装饰装修管理规定》中第十一条明确规定："凡从事建筑装饰装修的企业，必须经建设行政主管部门进行资质审查，在取得资质证书后，方可在资质证书规定的范围内承包工程。建设单位不得将建筑装饰装修工程发包给无资质证书或者不具备相应资质条件的企业。"在建筑装饰行业的市场之中，任何一个从事建筑装饰工程设计、施工或监理的企业必须持有进入市场的"许可证"后才能进行市场交易，这就是市场准入制。这种管理方式对于规模较大的公共建筑的装饰活动具有一定的约束作用。

但是，这期间的市场现状：一方面，在公装市场之中，一些具有资质证书的装饰企业（即所谓的正规军）在承接建筑装饰工程时超越资质等级，低资质甚至是无资质的企业依靠挂靠高资质等级的企业来承接工程任务；另一方面，对于那些规模小、利润少的家庭装饰市场，大部分的份额让那些没有资质甚至连营业执照都没有的"路边游击队"占领着，这就造成了家庭装饰装修的工程质量无法保证的现实。

由于公共建筑装饰大多属于中高级甚至是特级装饰，它所要求的工艺技术、质量水平、管理经验都是比较高的，加上一些业主常不顾装饰工程的实际情况，连 100 万左右的工程也要一级资质等级的企业承担，这就使得多数低资质的企业失去市场竞争的空间，不得已只好到处寻找挂靠单位。此外，由于家庭装饰的规模一般较小，不需要大量的资金运转，它的需求者也往往是对装饰工程不太了解的老百姓，他们在选择装饰队伍时倾向于以价格为依据，这就使得运行成本较小的"游击队"有了市场优势。

针对上述问题，加强对市场主体资格的审核，是解决这一类问题的根本途径。对于公装市场，在进行招投标行为前应该严格审查投标人是否具有相应的资质证书、证书是否真实有效，应该严格按照国家规定的范围选择承包单位，并且选择真正有实力的装饰装修企业。对于家装市场，目前我国各个地区都制定了相应的家装市场管理的规定，并根据各地区的经济发展情况设置了家装市场的准入标准。比如南京在 2001 年颁布的《南京市装饰装修管理规定》中明确规定"注册资金不得低于 10 万元"，"工程技术、施工人员不少于 10 名，其中专业技术、经济管理人员不少于 3 名"的装饰公司才能申请领取《南京市住宅装饰装修资格证书》，在取得证书后方可进入家装市场中从事家庭装饰装修活动。这样，就杜绝了那些“打一枪换一个地方”的“游击队”进入家装市场来搅乱市场秩序的现象。同时，适当地提高现有的市场准入门槛并且制定市场的清出制度，动态地管理装饰企业的资质就位，对一些不具备相应资质的企业应当坚决给予取缔或降级。

3.1.2 市场经济时期室内设计的新发展

随着改革开放的不断深入，经济发展速度的加快，人民生活水平的明显提高，人们对居住、环境的要求也逐步提到日程上来了。同时，由于家庭不断增多的家具、家电、衣物、日用品等形成了“物”的堆积，人们开始要求有符合生活需求的室内设计。因此，室内设计开始走进了普通家庭，掀起了城乡住宅的装饰热潮。

经济发展的另一个突出的表现是商业的发展和竞争。商业人员渐渐认识到室内设计也是商业竞争的重要手段之一，比如商店装饰从无到有，进而数年一换，不断地提高档次，由此形成了商店的店面装饰以及室内装饰热。

改革开放以来，我国引进的外资企业和三资企业不断增加，他们对中国的办公环境和设施都提出了较高的要求。有的直接从国外带来先进的办公设备，由外方进行室内装修，这些使得我国的企业和办公机构改善了办公环境及企业形象，陆续出现了一些装修讲究的接待室、会议室、办公室等，形成了办公场所的装饰热。

进入 20 世纪 90 年代后的城乡住宅装饰热、商店的店面与室内装饰热、办公场所空间的装饰热，这“三热”促使室内设计的范围不断拓展，从而开始为广大群众服务。我国的室内设计队伍也从此有了众多的实践和提高的机会，同时也面临着新的挑战和机遇。

综观 20 世纪 90 年代的室内设计，有以下几个特点 ：

一是发展迅速。1990~1993 年，从业者人均年工程产值分别为 3000 元 / 人、8823 元 / 人、12500 元 / 人和 16000 元 / 人 ；分别比上年增加 194.1%、41.7% 和 28% ；年均 10080 元 / 人，年均增加 87.9% ；1993 年为 1990 年的 5.3 倍。从业者人均年利润分别为 240 元 / 人、705 元 / 人、1000 元 / 人和 1280 元 / 人；分别比上年增加 193.7%、41.8 和 28% ；年均 806 元 / 人，年均增长 87.8% ；1993 年为 1990 年的 5.3 倍。[①]

二是风格多样。改革开放大大开阔了人们的视野，交通信息的发达也使人们有更多机会接受大量信息。发达国家的设计思想、设计理念、设计方法和设计作品不断被介绍到国内，一些重要的项目通过国际招标还引进了不少境外设计师。在这种社会背景之下，古典的、前卫的、田园的、巴洛克式的设计风格纷纷亮相，改革开放之前的那种沉闷的学术气氛一下子被生动活跃的局面所替

---

① 黄白 . 九十年代前四年我国建筑装饰行业发展的回顾 . 装饰总汇 .1994，03 ；23.

代。概括起来说，此时的室内设计风格可谓是中西兼容，多元并存。当然，总体而言，简约的现代风格仍占据主导的地位。

三是设计水平不断提高。主要表现在文化品位较高、科技含量比较大、合理适用、独具特色的佳作渐次涌现，同时，某些室内设计公司还在英国、蒙古、非洲等地打开了国际市场。

3.2 平稳发展中的宾馆、酒店建筑室内设计

一方面，20 世纪 80 年代为适应旅游业的发展而新建的一批旅游饭店已开始进入更新改造期。一般说来，宾馆建筑的整体部分十年左右就要改建一次，客房部分五至六年就要更新其装饰。另一方面，进入 20 世纪 90 年代后期，国家严格限制批准新建的一般性的旅游饭店项目，其中包括有客房出租业务的宾馆、招待所、培训中心、服务中心以及酒店式公寓等住宿接待设施。在这种宏观社会经济环境中，以旅游饭店为主的楼堂馆所的装饰项目多为改造项目，占整体公共建筑装饰产值的份额有所减少。与此同时，星级酒店评定标准的变化也为室内设计行业的发展提供了新的契机。

随着全社会经济发展水平和对外开放程度的不断提高，旅游饭店业所面临的外部环境和市场结构也逐步发生了变化，同时其自身按不同客源类型和消费层次所作的市场定位和分工也日趋细化。为了促进旅游饭店业的管理和服务更加规范化和更加专业化，使之既符合我国的国情又与国际发展趋势保持一致，我国在 1993 年、1997 年、2003 年曾经三次对《旅游涉外饭店星级的划分及评定》这一标准进行了修订。在每次对标准的修订中，旅游饭店的装饰装修都更加突出其特色和个性，并且强调环保性和舒适度，而对原先的客房数量等方面的要求则适当降低。到 2000 年底，我国拥有各类涉外旅游饭店 10481 家，客房 94.82 万间。①在新的星级标准出台以后，这么多的旅游饭店必将要按照新标准进行改造，所以旅游饭店类建筑的装饰装修在这之后一段时期内就会以改造为主。由于星级饭店的标准开始与国际接轨，这就必然要求我国的室内设计行业也要学习研究国际星级饭店的装饰装修经验，提高我国的室内设计和施工水平，从而推动整个行业的健康发展。

1. 河南国宾馆

设计人：马建民、杨海明、王军、张新娟

建成时间：始建于 1959 年

资料来源：室内设计与装修 .1994，01：15-19.

河南国宾馆的室内设计属于改造项目。早在 20 世纪 50 年代，它就是河南省政府接待国家领导人以及国际友人的地方，20 世纪 80 年代，这里曾是培养

---

① 中国宾馆酒店行业研究报告 .http：//wenku.baidu.com/view/0566d681e53a580216fcfe79.html

图 3-1 河南国宾馆
（图片来源：http://dyyfzs.com/main/20081289304942/page/200721413493158/default.asp?ProBoardId=&page=1）

知识分子的高等学府——黄河大学。出于政治、经济、文化的需要，它被改造为河南国宾馆，因此，它除了具备一般宾馆的基本特征以及条件以外，还应该具有强烈的政治与文化色彩。

河南国宾馆围绕着其政治性、文化性和时代性，突出了河南的文化特色，将古老的黄河文化、青铜文明与现代的郑州特色相结合，并给予了充分的表达。这种表达体现到了整个设计当中。主入口采取了一些具体的装饰设计手法，如：中国红花岗石饰面错缝拼贴，以追求古城墙的韵味；檐口处理成城垛形式，与城顶产生一定的呼应关系。垛口的汉白玉装饰件（传统滴水变形）起到了点睛的作用，使整齐光洁的墙面产生了生动的光影效果。雨篷底面正中处理为中国传统藻井形式，正中饰以河南地图浮雕。入口玻璃门以磨花传统图案装饰，采用了黄河象的抽象形式（河南简称“豫”）。

大堂设计高度概括地体现了黄河文化这一主导设计思想，在顶棚上设计了大型发光玻璃彩画《黄河落日》，以一组古老的黄河历史传说作为体裁，沿涡旋状波浪曲线渐次展开，呈现出了日落时黄河的灿烂色彩，椭圆形的彩画使得大堂空间更为开阔且具有强烈的动感。

舞厅设计以圆形为其母题，以流动的空间来体现“黄河”这一主题思想。舞台背景饰以大型飞天壁画，形成了视觉冲击力。这种将中国传统的石窟艺术形式——飞天与中原特色的窑洞券柱式的结合，是探索现代装饰风格的一种新的尝试。

2. 重庆恒信大厦

设计人：李秉奇、沈德泉

建筑面积：7.4 万 m^2

资料来源：建筑学报 .1999，02：48.

重庆恒信大厦为中心城区的一项旧城改造工程，是一幢以四星级大酒店为主的多功能建筑，其中包括综合商场、商务办公、客房、酒店等综合服务设施以及车库等。

在恒信大厦设计中，将外部环境内部化是针对建筑环境与空间的主要思路。这就意味着排除内外之间，建筑与自然之间彼此双重约束的领域，促进内部和外部空间之间的相互渗透，模糊了建筑与城市空间的界限。

贯穿至顶的中庭空间作为一个无实体感的中介空间成为了这一构思的表达。将共享中庭设计成为一个中间性的空间，其底部界面处在架空层上，顶部则是通透的采光玻璃顶，四面就是层层环绕的客房。垂吊的绿化设施，室内透明的观景电梯，屋顶倾泻而下的自然界的"光源"，盆栽植物、水体以及休息座椅、餐厅、酒吧等各种设施提供了一个更加贴近于自然的外部空间。在人们徜徉小憩和交谈时，功能性的、消遣性的以及社会性的活动以形形色色的组合方式融为一体。作为建筑的内部空间，通过空间的高度以及复合效果，绿化景观和水体的处理以及商业和饮食服务等，表达出了外部空间环境的品质。这种处于中间领域的无实体感的空间呈现出来的是半公半私的多义性，使得空间变得富有生气和魅力。

3. 武汉亚洲大酒店

设计人：王以正

建成时间：1993 年

建筑面积：3 万 m^2（不含住宅楼），300 间客房

资料来源：室内设计与装修 .1995，7：28.

亚洲大酒店，是一家四星级涉外酒店，位于汉口解放大道、崇仁路口的转角之处，整个建筑群由三个部分组成：筒形主楼、阶梯形的副楼和住宅楼。主楼通过裙楼和副楼相互连通，并与住宅楼连成一个整体，使功能各异、高低错落的建筑群成为了一个有机的整体。

亚洲大酒店于 1999 年翻新，2000 年再次重新装修。室内设计根据功能的不同采用了不同的布置方式，仅中餐厅就根据不同的房间布置形成了 12 间独具风格的厅房，其中，帝王厅的设计除了在中间墙壁装饰有帝王画像外，还配有中式窗花以及大幅字画，以体现帝王厅的文化氛围，超大型的圆形餐桌，采用金黄色色调，椅子用喜庆的艳红色罩住，再有地板与顶棚的清新淡雅作为衬托，帝王气概跃然

图 3–2　武汉亚洲大酒店（图片来源：http：//www.17u.net/wd/xianlu/2234468）

眼前。酒店的宴会厅也根据不同的风格设计出了北京厅、香港厅、武汉厅等具有特色的厅室，宴会厅采用绚丽的水晶装饰，显示出梦幻典雅的氛围。

该建筑最成功之处是客房功能设计较为理想，别致独特的扇形平面使得客人具有新鲜感，而且每间都宽敞明亮，每间面积平均为24m^{2}左右。弧状带形窗就像宽银幕电影一样，有利于观景，而且每间房间均为外侧宽、内侧狭，对于布置沙发和圆桌有利。为了满足客人活动区域的需要，走道长度比直线走道稍短，这是一种比较紧凑、合理的平面形式。

4. 广州凯旋华美达酒店

设计人：余正庚

建成时间：1991年

资料来源：室内设计与装修.1993，6：50.

广州凯旋华美达酒店是一家由中外合作建设与经营，具有国际四星级标准的新型涉外酒店，其设计是广州军区后勤部建筑设计院与港方设计机构合作完成的。

广州凯旋华美达酒店的室内设计主要依据不同房间的用途进行了巧妙的安排。大堂可看作是酒店的橱窗，采取的是轻描淡写的手法，利空间尺度的变化以及建筑构造本身的巧妙安排创造出一个新颖的空间环境。大堂面积总计约为400余平方米，高跨两层楼房的空间尺度显得高大宽敞。为了使上部空间不致过于空旷而产生失落感，特将上层的休息廊做成半圆形，悬挑出大堂上空，空间既有变化又有层次，并且可以与大堂外轮廓相协调。与众不同的地方是，上二楼的交通用的是两座钢筋混凝土旋转楼梯，构造和装饰都显得十分别致，两边沿弧形的外围蜿蜒而上，丰富了大堂的空间效果。大堂的地坪采用的是意大利进口白色磨光大理石，光滑如镜；在向心交汇点处，铺以椭圆形的绿色高级地毯，并围绕着向心点摆设了一圈绛色沙发，使地面的彩色更富有变化，更有层次。大堂的顶棚为白色，并镶嵌着节电光管筒灯，在向心点处布置了一个椭圆形微曲云彩罩顶，人立于其下发声，即可有轻微的声响反应，如同回音壁一般，颇具匠心。

图3-3 广州凯旋华美达酒店
（图片来源：http://www.canyin88.com/shishang/shishikuaibao/20109253282.htm）

图 3-4　内庭
（图片来源：
http：//image.baidu.com/）

5. 汕头“广州酒家”

设计人：林兆璋、司徒如玉、黄翔、刘桐（广州市民用建筑科研设计院，汕头市建筑设计院）

建成时间：1999 年

建筑面积：1 万多平方米

资料来源：建筑学报 .2000，9：55-58.

汕头“广州酒家”，是将汕头民居、广州茶楼和现代建筑空间进行了有机结合的设计作品，建筑独特，装修典雅。建筑师吸收了潮汕民居当中典型的贴瓷工艺，从潮汕民居中收集了大量的旧木雕和花板等，还有从广州旧茶楼、西关大屋等处拆留下来的木樘栊、满州窗、彩色玻璃等构件，应用到现代化庭园空间之中，在传统中创造出新的现代建筑空间。

通过入口两层高的大堂，透过有木吊楼栏杆装饰的走马廊，是中庭三层高的“共享空间”，顶棚是大约 30m 跨度的轻型钢架，支撑起一个立体的彩色玻璃顶棚。三层回廊壁饰富有潮汕风味，尤其是正面主梯壁面上的大型木雕，整组购自潮汕民间。

特别值得一提的是三楼的两个宴会厅，是两组园林式的豪华厅房，“西关第”入口是西关大屋特有的木樘栊、矮木雕花脚门和满州窗，两侧墙面是淡素的传统青砖。“潮州轩”入口是潮州木雕、花罩，还有贴彩瓷，潮汕特色和广州西关风格在这里直接碰撞。传统与现代是建筑永恒的主题，汕头“广州酒家”只是对这个主题的又一次探索。

6. 汕头金海湾大酒店

设计人：佘畯南

建成时间：1991.1

建筑面积：40000 多平方米

资料来源：建筑学报 .1992，3：18-23.

汕头金海湾大酒店是粤东地区首家五星级商务酒店，坐落于汕头市中心繁华的商业金融黄金地带。汕头金海湾大酒店建筑别具一格，“高雅温馨”是酒店的特色，酒店中圆形的罗马广场中央置转动的金色天文仪，下为喷泉，泉声与旋转球体把静态空间变为动态的共享空间。酒店中庭别具一格的古罗马风格装饰使得中庭更加雄伟壮观。中餐厅的设计采用了古铜色的厚重的地毯，顶棚力求简洁，配以中心大型吊灯，四周用小型景观灯装饰，显现出星光璀璨的效果，墙壁选用金黄色，再加上中国传统的红色桌椅，整个餐厅显得富丽堂皇。连廊作为室内、室外的纽带，海蓝色的铺地加以海滨式的风格布局，很好地将碧水蓝天引入，从室内向外看，别有风味。

图 3–5　汕头金海湾大酒店（图片来源：http：//hotel.mapbar.com/18304/pic/）

7. 深圳阳光酒店

建成时间：1991 年 1 月

客房间数：308 间

资料来源：室内设计与装修 .1996，6：32-33.

位于深圳市商业区心脏地带的“阳光酒店”，是深圳第一家五星级酒店，拥有豪华套房、双人房、单人房、普通套房共 308 间。

在现代工业发达和高度文明的社会之中，人们往往易于触发怀旧的情绪，旧的景物常常使人依恋流连，目下流行的室内设计多着眼于对传统的回味。深圳市阳光酒店的大堂空间以圆形的构图为中心，上挂灯柱，下设花室，在富有西洋古典情调的环境之中，设置了一道白色云石和黑色铁栏杆的螺旋梯，在强光和花岗石地面的反射下，犹如一束卷曲的缎带，璀璨典雅，引人瞩目。这是利用新的手法来表现传统的内容并取得了很好的效果的典型案例。

图 3-6　阳光酒店
（图片来源：http：//works.a963.com/2010-09/20002.htm）

8. 深圳麒麟山庄

设计人：马嘉骏 深圳市设计装饰工程公司

建成时间：1997 年 5 月

建筑面积：7000m^2

资料来源：室内设计与装修 .1998，02：32.

麒麟山庄是深圳市政府为了迎接香港回归而建设的一个政府接待基地，占地约 38 万 m^2，共有五幢别墅型的建筑。其中 1~4 号楼为别墅，5 号楼为酒店式的综合楼。1~5 号楼的大厅、会议厅、接待厅、餐厅及总统客房的室内设计和装饰大量采用了纯羊毛地毯以及工艺毯等，大型景观吊灯的应用也同样是山庄装饰的特色之处，再加上山庄的墙壁以金黄色为主，突出了空间的绚丽与富丽堂皇。深圳麒麟山庄以其独具特色的田园风光环境，欧陆化的建筑风格，高档豪华的装饰，功能齐备的设施以及五星级水准的服务，为高级会议和休闲度假提供了良好的室内空间场所。

图 3–7 麒麟山庄
（图片来源：
http://hotels.cthy.com/all_hotel_pl.asp？hotels_id=16046）

9. 三亚凯莱度假酒店①

设计人：阿畅

建成时间：1996 年 8 月

资料来源：室内设计与装修 .1999，05：31-35.

三亚凯莱度假酒店，曾有国内度假第一酒店的称谓，坐落在亚龙湾国家旅游度假区中。三亚凯莱度假酒店的设计者采用了充分利用自然条件这一全新设计理念。上千平方米的大堂里居然没有安装空调，而门窗则大开（窗沿还降下 20cm）。

建筑与室内的设计，强调充分接近大自然，比如建筑物设计的不很高，采用的是绿白相间的色调，大堂通透，梁柱很高，地面特意铺设了粗糙不平的天然石板，晚间，从远处看，如同停泊在海边的一艘游船，意境深远。

图 3–8 三亚凯莱度假酒店
（图片来源：
http://www.tourpi.cn/photo/19.html）

① 室内设计与装修 .1996，8：31-35.

10. 星源大厦高级套房

设计人：沈奇

资料来源：室内设计与装修 .1994，1：42，31.

星源大厦位于武汉市葛店经济技术开发区内，是一座集写字楼与宾馆为一体的综合性建筑。该楼总共有八层，宾馆部分要求达到三星级标准，其中两套高级套房是按总统套房的要求设计的。

在室内设计手法上，为了掩饰这两套客房在结构上的单一以及为了满足不同品位的客人的需要，两套客房的风格也有所不同。其中，I 型以古罗马式风格为基调，II 型则为现代格调。作为高级套房，其卫生设施、制冷设备、家具陈设、床上用品、电路控制、灯光照明、通信及视听设备等，都有严格的要求，跟其装修格调配套。

I 型套房的设计特点如下：

设计原则为将古典风格同现代的施工手段相结合，表现出既包含古典的华丽典雅又不失现代都市特点的空间特色。室内墙面、柱面、门、门套均为柚木的夹板面，表面处理为深棕色的腊克漆，室内柱式也同样采用古典装饰手法，将其表面的线条按古罗马式风格处理。墙檐为红木雕花，表面开腊。在家具陈设方面，柜、床、桌、椅的处理基本上是以古典风格与现代材料相结合的。客厅沙发的四个角柜上方为球形庭院灯，中间为柚木夹板面饰腊克漆，线条处理成五个高低层次不同的起伏变化，其中阳角处以 30mm × 20mm 的不锈钢糟封边。这些处理方式使得套房的室内显得典雅、庄重，同时又具有十分强烈的时代感。

客厅地面选用 500mm × 500mm 的黑白相间的花岗石，局部配以高级工艺地毯，富有豪华格调和现代气息。室内所有的家具、柱面、局部墙面均采用深棕色腊克漆，顶棚为白色，木线为深棕色，局部墙面则采用高级纤维墙纸，地面是黑白相间的花岗石饰面，客房、书房地面选用枣红色地毯，色调基本上为中、高调，于高雅之中体现品质。客厅采用圜形的古典吊灯，四周配之以高效反光筒灯，客房内采用古典式的烛光壁灯，四周再配以高效的反光筒灯。

II 型套房设计特点如下：

该套房以现代式风格为主，表现出了现代都市的繁华与气派，配合使用现代感较为强烈的装饰材料，使室内显得华丽且大方。

由于入口大厅比较宽敞，故在入口左侧靠外窗处做玻璃砖隔断墙，内部作书房用，中心柱至右侧墙边作为会客区，玻璃砖隔断墙则为虚隔断形式，使内部空间与外部得以相对隔绝，使会客区与工作区得以分开。客厅东面安置一架钢琴，既可以为爱好音乐的客人提供方便，又可使得整个室内显得高贵、气派。

中心柱采用不锈钢包柱形式，隔断墙采用玻璃砖，客厅为花岗石铺地，局部装置高级工艺地毯，墙面局部也装置高级壁毯，其余大面积则为高级纤维墙。

卧房的地面设置地毯，床靠背则采用断面内包海绵。

照明设计基本没有采用折射光源，四周为反光灯槽，配之以高效反光筒灯进行点缀，将豪华的现代风格置于柔和的家庭氛围之中。

3.3 商业建筑室内设计

自从我国改革开放以来，城市建设活动空前繁荣，这一时期，更是出现了集商业、办公、宾馆、公寓于一身的综合体，开始遍及城市中心和近郊。如果说20世纪80年代建成的宾馆、写字楼等建筑的形式与寻常百姓关系甚微的话，那么20世纪90年代在市中心兴起的大型商厦的建设和改造，却着着实实地和老百姓的日常生活密不可分了。现代商业建筑改变了人们的消费观念，曾几何时，所谓的“百拿不厌”、“百问不烦”口号销声匿迹了。这当然并非是我们服务态度的倒退，而是新的购物环境全面取代了旧的交易方式。

经济发展的另一个突出表现是商业的发展和竞争，从事商业的人员开始认识到室内设计也是商业竞争的重要手段之一。商业建筑不仅在规模上有了较大的发展，而且还竞相在各个方面提升自己的水平和竞争力，这就促使商业建筑开始高度重视装饰，以期达到招徕顾客的作用。商店的装饰经历了从无到有，进而到数年一换，不断提高装饰的档次和效果，由此形成了商店的店面装饰以及室内装饰热。

大型商厦还是“城市的客厅”，是居民在紧张工作之后的缓冲空间。商厦的室内设计要最大限度地满足不同顾客（有目的与无目的的顾客）不同的购物心理需求：希望直接与商品接触；不喜欢上楼梯；把购物当成一种消遣与享受的过程。依据不同的购物需求，商业建筑需要比以往承担更多的功能内容，比如一站式购物，兼具多种休闲、娱乐功能的好去处等，为此产生了许多不同的设计思路与手法，其风格的追求最能反映出流行的时尚，从而致使大型、超大型的商业出现。

当然，商场的空间框架和大体的功能分布已经在建筑设计中基本完成了。根据商场经营内容和经营方式以及设施、设备的不同定位，其室内各个组成部分的设计与装修也需要加以区别对待。在进行商场的室内设计时，由于商场经营的商品种类繁多，商品的布置划分必须要按照建筑的楼层与顾客流量的规律来进行，室内设计应当充分考虑商品的布局方式，依照楼层的数量和面积，进行空间布局设计。当然，在不同的地区这种布局存在着一定的差异性。特别是同时兼有娱乐、休闲、餐饮功能的商场，布局就更具多样性了。

1. 郑州市百货大楼

设计人：秦国光、丁哲、孟和、秦国强、王志军

建筑面积：4万多平方米

资料来源：室内设计与装修.1995，6：15-17.

郑州市百货大楼由最初的 1 万多平方米扩建到后来的 4 万多平方米，在中原建起了一座高 23 层（103m）的现代化的大众超级商厦。在结合原有建筑的基础上大胆地进行室内空间处理，采用了现代的建筑装饰材料，并采用了较为先进的视觉识别系统，对 1~6 层通过色彩进行了分层，从而取代了数码分层记忆。

郑州市百货大楼原建筑有一个较理想的 6 层的共享大厅，中厅西侧为双向扶手电梯以及步行梯，在中厅的四周有 8 根 27m 高的通天大柱，在中厅设计中将 6 层的柱子合成为一个整体，在第六层中厅的柱子上做一特大的柱头，使得 1~6 层浑然一体。郑州百货大楼中厅的栏杆全部做成单色灯箱，通过每层灯箱的渐变色彩进行楼层分色。中厅一层正中处为由大花白大理石、钛金板以及卡普陇板构成的抽象雕塑树，使人产生一种与自然共生的亲切感，同时又可作为饮食小憩之处。

室内设计不应仅仅是表面风格式样的装饰设计，还应该在体现现代人的生活方式的基础上，充分利用现代化工业材料的特性来完成新的空间形式与式样。郑州百货大楼一层主要经营食品、百货、化妆品和摩托车等，柱子较粗，为 1500mm × 1500mm，故使用钛金板，分别在柱间采用玻璃斗栱，中间夹白炽灯。二层为空调、冰箱、家用电器、五金区。这一层的电器展架全部用玻璃制作底板，每层玻璃用钢丝吊起固定，再将钢丝固定于钢架上，在展架的上端、下端分别设置两排射灯射向商品，使商品的固有特点更加突出。抽油烟机展架设计则尽可能展示出抽油烟机的全部特征，同时展架也应当能像雕塑一样立于商场，给人带来一种视觉的新感受。

三层为服装区，东、北两侧布置服装精品店，中间为开敞式的服装购物区，在这个区内，原建柱的尺寸为 1400mm × 1400mm，同样显得过大。因此，设计师在设计中利用柱子作为服装模特的陈设台，在原柱的四角依次加四个小框架柱，这样，服装陈设台的功能就减弱了原柱的承重的视觉效果。

四层为鞋帽、针织、箱包以及礼品区。同样采用较轻松的造型形式，不给人创造沉重的购物压力。在礼品区有一根 1400mm × 1400mm 的大方柱，设计通过错视原理，使人对它在视觉上产生了原柱的消失感，产生了一种通透感，使购物者产生一种强烈的视觉冲击力。

五层为电视、音响和电器区。电视区充分结合原建筑的柱网，设计了一座直径为 15m 的圆形电视墙。进入电视区就如同进入了电视城，设计师结合电视产品的尺寸，进行了陈设窗的分割，在电视区任何一点对所选择的电视都可以一目了然，比较容易选择商品，同时，空间较稳定。同电视区相邻的是音响区，设计依然采用大型的钢结构圆架，创造出一种圆形的时空隧道，采用切断推移的手法使得时空隧道的 1/4 向同一个方向移动，从而出现了两个出入口，这得益于通透的钢结构，使音响区与该层紧密地融于一体，充分体现了工业时代的气度以及形体构成的韵律。

六层为乐器、体育用品、文化用品和办公机具区。办公机具部分做成半开敞式的展架形式，玻璃隔墙使用灯箱收口，立面灯箱上下有摩球灯相连，通过高科技的摩球灯，给购物者一种进入到了高科技区的感受。乐器区全部采用大块清光玻璃的隔断陈设墙作为分区隔断，通透的玻璃同乐器区与该层相融，只通过陈设在玻璃隔断中的铜制乐器带给人一种商品提示功能的设计语义，而不是用文字这种直白的方式来告知人们。

图 3–9 郑州百货大楼（图片来源：室内设计与装修 .1995，6）

1~6 层所有的材料均是采用防火性能良好的石材、防火板、矿棉板以及铝合金、玻璃等，选用的材料为中档水平，这是为了商场的投资回收以及合理的设计定位。郑州百货大楼室内不追求豪华，充分结合现代工业化的材料，达到了较高的室内设计水平。

2. 广州东川新街市

设计人：区子毅，陈舒舒

室内面积：6000m^2

资料来源：黄建军 . 室内设计 · 下 . 北京：中国建筑工业出版社，1999：167.

广州东川新街市建筑与室内装饰设计工程，具有商品经营专营性“食街”的功能特色。东川新街市集食品专卖超市与餐饮业酒楼为一体，室内总面积为 6000m^2，功能主题内容分别为“传统街市”与“现代街市”。餐饮分设快餐店、特色中餐厅与西餐厅。生熟食品的种类与装饰空间形式多样。各区域的空间共享与分割均以贯穿一体的“街市”风貌为设计准则。

象征着“市花”造型的透光顶棚是设计师为弥补大堂的不足，有意突破立柱界线，以达到视觉上的向内引纳。餐厅廊道的装饰设计采用寓意着蓝天碧空的拱形吊顶，让狭长的通道有一种幽深神奇而后豁然开朗的扩大视感。立面块体与线板的蓝紫色调造型，在视域中毫无生涩、呆滞之感。二楼电梯入口通敞开阔，并列于两侧的镜面电话亭造型颇具匠心，功能上既为使用者提供了方便，又起到了空间导向的作用。西餐厅台柜与桌椅造型显得亲切近人，落落大方。茶艺屋的货柜与台架，一组原木墩柱和石雕台盆突出了一种传统茶艺文化的特征。食品超市的货架实用而美观，宽绰的人流通道表现了一种现代商品街市的气氛。

在室内设计中尽量解决一般街市的拥塞和繁杂，去除“集市”的零乱，而追求一种有设计意味和装饰档次的购物环境，是东川新街市装饰设计特具的新颖风貌。

3. 君安首饰广州中信广场店

设计人：吕劲雄

资料来源：室内设计与装修 .2000，03：26-29.

君安首饰广州中信广场店位于广州市天河区中信广场的首层，该店以销售时尚首饰为主，室内设计风格一改传统的珠宝店模式，以时尚、前卫为设计着眼点，选用高新技术材料，充分运用光、形、色、质等空间造型语言，塑造出了一个崭新的商业空间。该项目曾获新西兰 1999 中国室内设计大奖赛佳作奖。

各种展柜，以不同的方式展示着商品，又共同形成了一条相互联系的纽带。商店前厅以展厅的形式出现，彩色的小展窗与对面的大玻璃橱窗形成了一个对比关系，顶棚与地面的造型以符号的形式形成暗示，向内引导着顾客。斜置的展柜以阶梯状的形式与外部的电梯相互呼应，对内也起到了很好的展示作用。外置灯光通过折射玻璃，提供了充足的照明。为了不破坏完整的展示面以及弧形墙面的弧形柜，利用杠杆原理制造出了一个升降台面，以推拉和升降的方法来取放展品；店内中心展柜内的日光灯槽提供产品照明，玻璃和不锈钢用无影胶粘结，结口不留痕迹，同时以抽屉形式来取放产品。方形展窗四壁的材料都为玻璃，灯光也以不同的方式提供照明。

3.4　其他公共建筑室内设计

随着中国与世界的交流日趋频繁，人们的思维与眼界也更加开阔，人们对新生事物逐渐从被动认同、接受开始走向主动追寻，国内的室内设计人员逐步开始探索先进的设计思维模式，传统的室内装修思想在与外来经验的交流之中不断进取，在吸取外来经验的同时也结合国内实际情况，并且将本土的设计元素与先进的设计经验进行融合。这种新的思维模式首先在公共建筑中得到了应用，如办公室、纪念馆、博物馆、贸易中心、高尔夫会所等，从而陆续出现了一些装修讲究的接待室、会议室以及办公室等，形成了办公场所的装饰热潮。

1. 广州世界贸易中心

设计人：黄汉炎、叶富康、周展开

建成时间：1998 年

建筑面积：10 万 m^2

资料来源：建筑学报 .1995，2：43-48.

广州世界贸易中心大厦位于广州市最繁华的商业黄金地带之一——广州市环市东路。世贸大厦总占地 6900m^2，总建筑面积约为 10 万 m^2，它是由地下停车场、裙楼商场以及两座 30 多层的全玻璃幕墙塔楼组成的集商务办公、购物、休闲、娱乐为一体的综合性甲级商务大厦。世界贸易中心的平面由两个三角形组合而成，一个为北楼，另一个为南楼，北楼共 34 层，总高为 111.7m，南楼共 30 层，高度为 99.10m（其中，裙楼为 7 层）。南、北两塔并立，就像一部翻开的书卷，它曾被评为广州现代十大著名建筑之一，并获得了国家建筑设计的最高奖——鲁班奖。

图 3-10 广州世界贸易中心
（图片来源：http：//company.365ditu.com/）

广州是中国改革开放的前沿城市，而世界贸易中心又是与经济发展紧密关联的场所，因此，世界贸易中心也就成为了设计师探索新的室内设计思维模式的“试验场”，整座大厦室内设计精巧，公共空间高雅别致，气势辉煌，内部设计根据办公、购物、休闲等功能空间的不同运用了不同的设计手法。

2. 深圳地王大厦

设计人：美国建筑设计有限公司张国言设计事务所（建筑设计）

建成时间：1996 年

资料来源：http：//baike.baidu.com/view/996356.htm？ fr=ala0_1_1

地王大厦的正式名称为信兴广场，是一座摩天大楼。因为信兴广场所占土地在当年拍卖时拍得深圳市土地交易的最高价格，被称为“地王”，因此公众便习惯称之为地王大厦。大厦总共高 69 层，总高度为 383.95m，实际楼体主体高度为 324.8m，建成时是亚洲第一高楼，也是全国第一个钢结构的高层建筑。大楼于 1996 年建设完工。“深港之窗”作为大厦的主题性观光项目，就坐落在巍峨挺拔的地王大厦的顶层，是全亚洲第一个高层主题性观光游览项目。在此，不仅可以俯览深圳市容，还可远眺香港市容。

新型的设计理念和设计手法在地王大厦的室内设计中得到了充分的体现，室内装修的色彩和灯光的配合、高科技手段的应用等都赋予了建筑室内更加舒适的环境。大厦建成之后就作为一个重要的旅游景点开始供人们参观游览，这

图 3-11 地王大厦
（图片来源：http：//works.a963.com/2011-11/32003_5.htm）

也是室内设计与旅游观光相结合的全新体验，它创新性地发掘了深港两地不同的人文地理景观和历史文化、都市文化的底蕴，充分运用国际旅游休闲的新颖的高技术手法，以“深港之窗”作为其主题的形象展示，将时间纬度和空间纬度巧妙地融为一体，将深港区域性的历史文化，现代都市商业文化、休闲文化，高空观光的高科技文化等结合到一处，开创了国内高层室内观光旅游的新境界。电视屏幕墙的应用也将室内装饰拓展到了动态景观修饰的新领域。

3. 海南广场会议中心

设计人：黄星元、俞存芳、李国平、王振军、张建元，中国电子工程设计院

建成时间：1998 年（一期工程）

建筑面积：59169.27m^2

资料来源：建筑学报 .2003，6：23.

海南广场是一组由现代办公与会议中心组成的建筑群体，位于海口市南渡江畔的椭圆形花园绿地的周边，由省政府、省委办公大楼以及会议中心三幢建筑相互围合，形成了祥和而又壮观的市政广场。中轴线上的会议中心是海南省人大、省政协办公以及举行会议的场所。

建筑群体采用不对称的平面构图，其高低错落的体块排列丰富了建筑群体的空间形态，创造了多维度的视线焦点。同时，由于作为一个统一的建筑群体，作为一个多功能的综合性建筑必须具有整体性，因此，在建筑形式上强调均衡和统一，利用统一的建筑语言，按照排列有序的轴线关系，创造出以中轴线为主体的视觉形象。

会议中心是多功能复合的现代建筑，空间布局紧凑，以中央大厅为中心进行功能组织，其中庭贯穿整个建筑高度，联系了所有的建筑内部空间。西区分为大会议厅区和中会议厅区，东区则为小会议室区，布置有 39 个小会议室和餐厅以及多功能厅等，围合在东区长方形的四季厅的周边。会议中心室内装饰的色调清淡素雅，并配之以各种形式的盆栽绿化，大会议厅顶棚的大尺度圆形树叶状灯具生动地点明了地域特征，在多功能厅的斜坡吊顶下吊挂的一片片闪光的灯具，像一群海鸟在自由飞翔，表现出了浓郁的南国情怀。

图 3-12　会议中心（图片来源：http：//www.lightingchina.com/）

4. 广州药业股份有限公司

设计人：刘东

建成时间：1999 年 8 月

建筑面积：450m^2

资料来源：室内设计与装修 .2000，02：13-17.

广州药业股份有限公司位于广州珠江白鹅潭畔的旧租界沙面。新旧欧式建筑汇集在一起，在众多的欧式建筑中，有一座风格不明显、坐南向北的五层白色老房子，这里就是广州药业股份有限公司的总部。

在室内设计中，设计师充分运用了多种材料的融合，将彩色玻璃、不锈钢、方块地毯、智能地台、办公家具、防火胶板等有序地整合到了室内空间之中。各种各样不同材料的运用，对室内设计来说是一个挑战，设计师在进行室内设计时以营造一个开放、严谨、高效、祥和的办公空间为前提，利用通畅的流线组织、简练的结构塑造、深入的细部刻画、简约的色彩搭配、科学的尺度运用以及合理的资金分配等原则，创造出了精致而又大气的室内空间环境。

5. 深圳特区报业大厦

设计人：龚维敏、卢暘

建成时间：1998 年 6 月

资料来源：建筑学报 .1999，10：50.

图 3-13　报业大厦
（图片来源：
http：//www.jiaxinchina.com.cn/projectinfo.aspx？typeid=3&id=50）

报业大厦是深圳特区报社通过自筹资金建造的综合性办公建筑，其功能包括办公、国际会议和俱乐部、快餐厅、展厅以及一个 700 座的多功能厅等。

塔楼采用双筒体的平面布局形式，提供了既可以适应开敞式办公又可划分成小单元的灵活空间。在主体办公楼层部分，每隔三层设置一个室内空中花园，空中花园为 3 层高（11.4m），约 100m^2 的共享空间。这些空中花园位于平面的外沿，也可称之为“边庭”。相对位于建筑内部的“中庭”空间而言，边庭具有更好的光线与景观。在其中，种植高大的植物，组织好自然通风，使其成为了在高空中人们接近自然以及休憩观景的美好场所。

建筑上的玻璃球体为直径 12m，内部高 8m 的半球空间。原设计在楼面与外壳处留有一定的空隙，并以玻璃砖作为楼面材料。

大厦室内设计的独特之处还在于形成了

图 3–14　岭南画派纪念馆（图片来源：http：//image.baidu.com/）

与自然和谐统一的室内空间环境。整个室内空间就是一幅美丽的图画，通顶的玻璃幕墙将人们的视线引入室内，同时通过室内设计的语汇表达也把新闻工作的公开性的信息传达出去。

6. 岭南画派纪念馆

设计人：莫伯治、何镜堂

建成时间：1992 年

建筑面积：3100m^2

资料来源：霍维国，霍光. 中国室内设计史. 北京：中国建筑工业出版社，197.

岭南画派纪念馆是一个具有独特构思，具有岭南建筑特色和充分体现了岭南画派文化内涵的建筑。纪念馆临水而建，并构成了方塘水院，建筑造型富有动感和雕塑感。在室内空间流线设计中，充分考虑了参观线路的合理性。展室选用顶部光棚采光，形成了通透的空间效果。纪念馆北墙封闭，既形成了富有特色的浮雕轮廓，又争取了更多的挂画和壁画。为充分体现岭南画派的基本精神，在建筑和室内设计中采用了一些新艺术运动的手法和语言，例如动感的形体，螺旋式的楼梯样式，曲线形的花饰等，使环境兼具抽象性和不稳定性的意境，再如馆舍前后临池，顶部如火焰、似城堡的门亭寄寓了岭南画派折中中外、不拘一格的精神内涵，南、北高墙上方两棵浮雕式的参天大树象征着岭南画派根深叶茂。室内设计风格则以现代抽象的意念充分表达了岭南画派的画意。

7. 河南博物馆

设计人：齐康等

建成时间：1998 年

建筑面积：31000m^2

资料来源：霍维国，霍光. 中国室内设计史. 北京：中国建筑工业出版社，201.

图 3–15 内部空间
（图片来源：
http：//bbs.artron.net/viewthread.php？tid=2046697&page=13）

该馆位于郑州市经七路与农业路的丁字路口，中央大厅两侧的一、二层为基本陈列馆，三、四层为专题陈列馆，四个临时展厅分别在主馆的东、西两侧，其间有四个庭院，序厅、贵宾室与商场等安排在南侧，是整个建筑室内空间序列的起始部分。整个空间组合符合参观的要求，序厅—中央大厅—基本陈列馆—专题陈列馆，是人流活动的主要线路。

序厅的室内设计采用对称格局，上面有连续的天窗。走廊则采用具有装饰性的象鼻柱，暗喻河南省的简称“豫”字，体现了河南先民从远古走向文明的意境。在厅的中央，将地坪抬高，设计了经过夸张和演绎的“太极八卦图”铺地。大厅雕塑设计选用了巨人推开大象的图案，寓意先民与自然界的斗争以及融合，同时也蕴含着“天人合一”的哲学思想。雕塑的背景是一幅巨型壁画，两侧是两扇敞开的古建样式的大门，中间是若隐若现的古代文字和河南当地的历史文物，寓意着已经打开了历史的大门。

8. 昆明国际贸易中心

设计人：饶维纯、石孝测、顾奇伟等

建成时间：1993 年 8 月

建筑面积：93188m^2

资料来源：建筑学报，1995.2：16-20.

国际贸易中心地处昆明市南郊新开辟的开发区内，总用地面积 125000m^2，总建筑面积 93188m^2，其中，展览部分建筑面积为 28000m^2。国贸中心由以下几个部分组成：商品展览部分；贸易洽谈和展团办公部分；文娱与服务部分；国际会议部分；行政管理与业务部分；其他辅助部分（包括机电设备、车库、卸货场地及仓储等）。

图 3–16　国际贸易中心（图片来源：http：//works.a963.com/2011-10/28922_4.htm）

展厅的层高也是体现展厅空间的重要尺度，昆明国际贸易中心采用的是高低结合的方式，一般展厅的层高多定为 6.5m，净高基本为 5m，尺度比较适宜，也有部分展厅层高达 20m，这种贯通三层的展厅，可以满足大型展品的需要。展厅之间的洽谈办公等小型空间则设置夹层，夹层的层高分别为 3.3m 和 3.2m。这样高低结合，室内空间利用比较充分。

国贸中心在内部空间环境设计与装修方面作了多方位的探索。建筑内部的庭院既充当露天的室外环境，同时又是建筑物围闭的、与内部空间相通的、内外部空间密切结合的中性空间环境。内庭院是为了解决展厅的通风采光问题而设置的，同时还是集休息、观赏、游乐为一体的内外结合的环境。内庭院以地面铺装为主，适当点缀绿化花池、水池景观、坐凳设施等小品，四周建筑的挑廊以及联系展厅与洽谈室的上下相错的天桥使得建筑与庭院结合在一起，便于观众观赏到庭院的风光。

建筑的内部空间环境设计与装修是在空间的性质与形态方面所进行的再创造活动。展厅的内部空间设计应当给展览设计留出足够的灵活性，以适应不同展览内容的布展要求。厅内的展览摊位可以根据柱网布置作灵活的分隔。展厅的墙面、地面只需要作一般的装修，把余地充分留给参展单位的展览设计。建筑上只对展厅的吊顶作统一的室内装修设计。展厅的吊顶采用大面积的格栅吊顶，结合灯具、风口等布置，组成统一的富有韵律感的图案。

国贸中心的中央大厅是整个建筑的核心空间，同时又是人流集中的交通枢纽。中央大厅的内部环境设计也是以灵活性和固定性相结合为原则，以便适应展览内容的变化和不同功能活动的需要。大厅内露明的屋顶网架及墙体网架可以悬挂各种装饰物、彩旗和标语等。其正面宽约 36m 的墙面也由布展进行装饰，并且均可根据展览内容的需要和各种功能活动的需要定期或不定期地进行更换，具有充分的灵活性。其他墙面、地面、栏板等均为建筑内部的固定装修，以保证空间形态与意境的稳定性。

国贸中心的其他建筑空间，如餐厅、商场、多功能厅、国际会议厅、贵宾厅等的内部环境均根据空间的性质和形态进行了设计，体现出了各自不同的特点。中餐厅的墙面采用木板壁与织物相间的处理手法，使用较为浓重的色调，顶棚采用浮云吊顶，体现出了隆重热烈的气氛。西餐厅的墙面则设置壁盆，用较淡雅的色调装饰。顶棚采用大面积的格片吊顶，体现了亲切温馨的空间气氛。

9. 海南三亚亚龙湾高尔夫会所

设计人：惠光永、周贞贤，建筑方案、施工图设计以及室内外装修设计均由中国美术学院风景建筑设计研究院完成。

球场设计：美国琼斯公司

建筑面积：9600m^2

资料来源：建筑学报 .2000，6：20-23.

该工程位于海南三亚亚龙湾国家旅游度假区内，会所南望大海，东侧150m 左右为五星级宾馆凯莱大酒店。会所建筑占地面积约为 40600m^2，总建筑面积为 9600m^2，以 2 层为主，局部 4 层，另外，有含电梯、水箱等在内的36m 的高塔，也是会所的标志。

回归自然，是这组自成一格的热带滨海高尔夫会所建筑形象的主题思想。建筑总体上采用了“∽”形的不对称布局，使球场的大环境与会所内、外庭院大小不等的各类空间互相连通和渗透起来。建筑群体显得空灵、通透，不仅能够充分地引进自然，并且使得其自身可有机地融汇于自然大环境之中。

图 3–17　会所
（图片来源：http：//works.a963.com2011-0625212.htm）

主入口的大飘棚，设计成 15m 柱距的、四面架空的、流畅的曲板形式，飘曳而又空透。大飘棚下面的环行车道前部利用高差设置了一系列层层叠叠的花坛，打破了中间设置行人踏步的常规做法，大棚下的主入口处于花丛绿树的拥抱之中。大飘棚下的环境清凉空透、海风习习、视野开阔，是引导客人从外部大自然进入室内空间的过渡空间。

前厅、大餐厅与商店是球员们活动的主要场所，它们分别设于一个22.5m × 22.5m 的内庭院的三个侧边位置。前厅与大餐厅都设置了采光顶。考虑到三亚地区在一年的大部分时间里都不需要空调，在前厅的两侧以及大餐厅的三侧都设置了折叠门窗，当门窗开敞时，可以将之折叠至柱边，使建筑整体敞开，海风可以贯通其内部空间。人们置身于前厅，向南透过大飘棚就可以远眺大海，向北透过庭院和开敞的大餐厅则可以直接目及球场。从南到北，多层次的空间序列全线贯通，再加上大餐厅之外的半圆形开敞吧区、侧边的空格花架空间以及大露台的室外空间等，这些空间丰富通透，环环相扣，与大自然融为一个整体。人们在这样的场所里面用餐、活动，充分沐浴海风和阳光，在球场景色的陶醉中更觉心旷神怡。

室内设计中对装饰材料的选择也强调了回归自然。尽量少用高档材料，多采用本地产的原始材料，比如海口产的红色火山石，用于入口、出发地段的重点部位以及墙基处，使素白墙体、深蓝灰色屋盖的建筑掩映在绿色大环境中，既清新淡雅又不失青春活力。其他如四彩花石、海花石、卵石、贝壳、黄木纹石等本地材料的使用，更显示出建筑的乡土气息，并因地制宜地创造了与众不同的本地化、乡土化、回归自然、极具个性的建筑形象和室内空间。

10. 广州地铁控制中心

设计人：莫伯治、莫京

资料来源：建筑学报 .1998，6：40-42.

广州地铁控制中心处于市区南北主轴（起义路）与东西主轴（中山路）交汇点的东南角部。设计充分运用了建筑体形的构图手法，不受古典梁柱系统的架构系统完整性的构图手法的影响，着意于功能空间分离的构图要素，使体型组合更为活泼自由，格调可以协调自然。

室内设计寻求表达不同层次的建筑内涵的诸多元素的共性，并通过运用这些具有共性的构件，组成有审美内涵的建筑室内空间。

图 3-18　中央控制室
（图片来源：
http：//www.nharch.com/zpzs1.asp？ leib=%CA%D0%D5%FE%B9%A4%B3%CC&offset=0）

控制中心室内设计采用大尺度的简洁的几何块体，形成了十分强烈的现代造型；设计还通过群体的尺度感表现了改革开放的气势；设计通过鲜明的色调、具有反差的色块构图，表现出了革命的激情；设计还通过动态的组合体形、空间的错位与扭曲接合、异向维度的虚实安排，表达出了迅猛的发展、澎湃的浪潮。将室内空间构图与寓意精神相结合，使得室内空间环境有更强烈的使命感与归属感。

11. 广州东铁路新客站

设计人：陆琦、郭胜

建成时间：1996 年 1 月

建筑面积：494000m^2

资料来源：建筑学报 .1998，3：49-54.

广州东铁路新客站从功能上由主站房、高架跨线候车大厅、广九直通车联检大厅、站台及站前综合大楼等几部分组成。主站房通过进站圆形大厅与综合大楼连接在一起，形成一个统一的建筑整体。广州东铁路新客站的国内旅客区采用高进、低出的流线方式。主站房的 1~4 层主要用来解决客运、联检以及售票等功能的需要。东站的首层是出站层，站房的西侧为出站大厅，东侧则为行包大厅。各站台的旅客通过隧道到达出站大厅的检票口出站，出站大厅的对面就是远途客运售票厅和综合大楼的主出入口，中间有一条宽度为 24m 的自由通道，方便旅客的购票、托运行李和换乘需求。

车站的二层是进站层，与站台在同一层上。该层设有进站大厅、广深线售票厅以及贵宾候车厅等。贵宾候车厅设在进站大厅的东侧，使贵宾能够直接进入基本站台，它由一个较大的候车厅与几个小厅组成，各厅之间是相对独立的，每个厅都带有卫生间，通过走廊相联系，以满足不同身份的贵宾的不同需要。

三层布置基本站台候车厅以及商场等；四层则设有商场、餐厅、跨线候车大厅等；五层至七层是铁路等部门的办公和辅助用房。主站房内除了自动扶梯与楼梯外，还设有电梯（包括残疾人电梯）。二层进站大厅有自动扶梯可直达四层，使旅客通过简捷的路线就可以到达跨线旅客候车大厅内。

广九直通车站采用的是高进高出的流

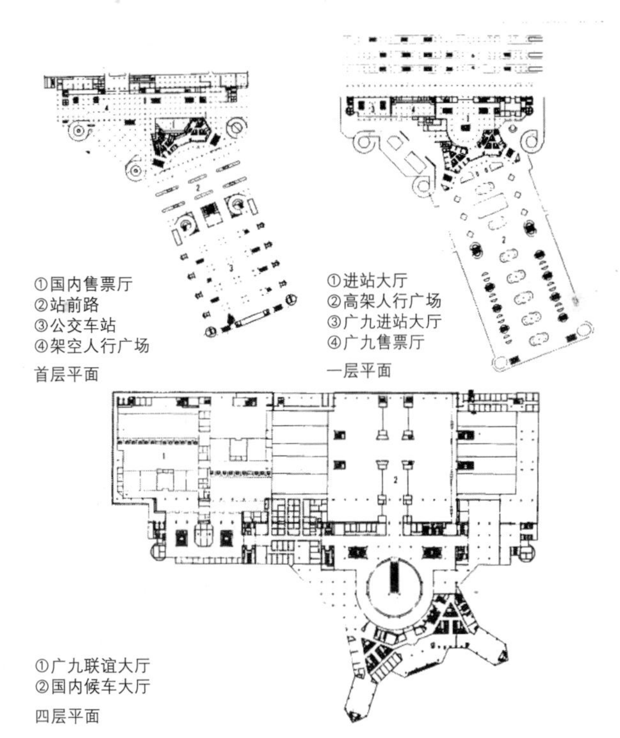

图 3–19　平面图
（图片来源：
建筑学报 .1998，3）

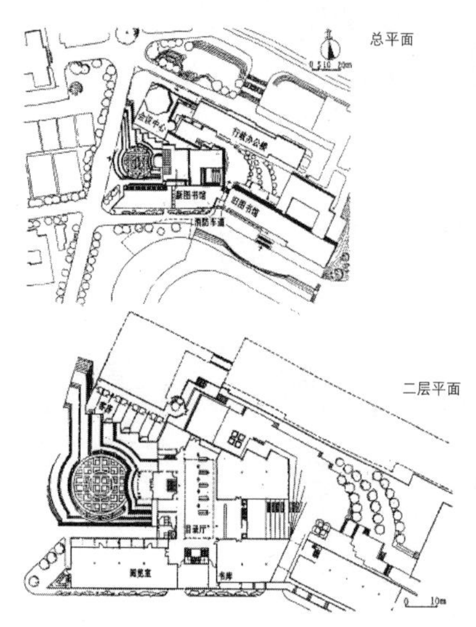

图 3-20　图书馆中心
（图片来源：
建筑学报 .1996，8.http：//
image.baidu.com/）

线方式。车站大厅设在二层，送客的轿车和出租车可以直接开到西面二层平台广场。三层布置了广九直通车的售票大厅和咖啡廊。四层设置为跨线出入境联检大厅。

12. 重庆大学图书馆与会议中心

设计人：清华大学建筑学院王辉、关肇邺，机械部第三设计研究院余吉辉

资料来源：建筑学报 .1996，8：31.

重庆大学的图书馆和会议中心是同时设计的既有联系又相对独立的联合体建筑。建筑的平面形式略呈不等长的工字形。上边一横（北边的建筑）为国际会议中心，下边一横（南边的建筑）较长，是新图书馆的主体部分，与老馆相邻，其走向与老馆形成 150° 的夹角，中间一竖是图书馆部分的主要入口大厅以及检索、特藏、展览等公用设施部分。

3.5　住房制度改革下的家装及其室内设计

中国 20 世纪 90 年代的住房体制及房地产市场跌宕起伏。80 年代改革开放的大发展以及邓小平同志的“白猫黑猫，抓住老鼠就是好猫”的关于市场经济的论断，在一段时间内激发了市场的活力，由于早期缺乏相关制度的约束，所以一度造成混乱，在房地产业方面表现得尤为突出。通过银行借贷、融资等方式作为资本进行土地开发建设，其中很多是地皮炒卖，致使房地产业迅速升温，房地产市场价格混乱，直接导致了全国金融秩序的紊乱和新一轮的经济膨胀。这种情况一直持续到 1993 年末，国家开始进行有效的治理工作，对包括房地产业在内的各种市场进行调控整顿，因此出现了几年的房地产业萧条期。1997 年，殃及全球的亚洲金融危机爆发，国家提出靠拉动内需来刺激经济增长的经济政策，并尝试着使住宅产业成为新的消费热点和经济增长点。在这样

的宏观背景下，住房改革的力度不断加大，在1998年以后，逐渐停止了住房的福利分配政策。房地产业也开始在国家一系列鼓励住房消费的政策中，逐渐恢复了活力。

除了经济波动对于房地产业的直接影响之外，多种所有制的共同发展、国有企业改革的深化、劳动力市场的不断繁荣以及“一部分人先富起来”的发展价值取向，促使社会的利益结构迅速变迁，原先计划经济体制之下形成的身份制度开始衰落并逐渐走向解体。

在拉动内需的经济政策和社会分化的图景下，一方面，为房地产市场带来了多样化的需求，住宅设计手法的日益丰富也成为了房地产市场面向需求、相互竞争的必然结果；另一方面，也使得国家的住宅政策必须立足于更为宏观和长远的角度制定其发展战略，这一切都成为了20世纪90年代国家住宅政策的鲜明特点。于是，就形成了国家指导性政策和房地产市场引导并进的局面。

3.5.1 住房制度改革

从进入90年代开始，国家先后开展了安居工程、康居工程、经济适用房等试点工程，政府面向最大多数的工薪阶层，尝试着通过房地产开发的优惠政策和利润控制，降低住宅成本，构建适合中国国情的住宅供需关系。

随着市场经济的不断深化，职工收入差距也逐渐增大。1991年6月国务院颁发的《关于深化城镇住房制度改革的决定》中明确提出：“建立以中低收入家庭为对象，具有社会保障性质的经济适用住房供应体系和以高收入家庭为对象的商品房供应体系。”1994年由原建设部、国务院房改领导小组和财政部联合发布的《城镇经济适用住房建设管理办法》中指出，经济适用住房是以中低收入家庭、住房困难户为供应对象，并按照国家住宅建设标准（不含别墅、高级公寓和外销住宅）建设的普通住宅。1997年和1998年是房改的关键时期，同时也是房地产行业的起步时期，当时的商品房价格相对以工薪阶层为主的中低收入者的经济承受能力而言，差距很大。经济适用房于1998年再次推出，用以解决中低收入家庭的住房问题。从此之后，全国各地的经济适用房在短短数年之内如雨后春笋般快速发展，由于房价相对低廉，经济适用房逐渐成为中低收入家庭住房的重要选择，无论从开工面积还是从项目数量来看，都在成倍增加，经济适用房迎来了高速发展时期。

原国家建设部建筑技术发展研究中心和日本国际协力事业集团合作开展了“中国城市小康住宅研究”，编制出了《中国城市小康住宅通用体系》（简称WHOS），制定了符合2000年小康水平的多层次多元标准，即三个层次十二项指标体系，替代了以往的仅仅以面积作为控制的单一指标的标准。它规定了小康水平的性质即基本属于国际上的文明标准（介于最低和舒适之间的中等标准），规定了使用面积标准为35m^2、40m^2、45m^2、52m^2、64m^2共五个档次，并推荐45m^2（建筑面积为60m^2）套型作为体系推广的一般标准，还规定了生理分室、功能分室、每套住宅起居睡眠空间数、住宅套型平面模式、各功能空间低限面积、套型面积、套型比、套型模式、设施、设备、室内环境及室内装饰 12 项指标，并定出了最低、一般和理想三个层次。城市小康住宅的多元多层次标准重视设施、设备的配置和室内装饰，要求节能、节地、降低自重、节约投资和社区环境优美以及社会服务完备等。

在经济增长模式由粗放型向集约型转变以及通过住宅建设和消费拉动内需的背景之下，原建设部在 1996 年颁布实施了《住宅产业现代化试点工作大纲》，提出："要以规划设计为龙头，以相关材料和产品为基础，以推广应用新技术为导向，以社会化大生产配套供应为主要途径，逐步建立起标准化、工业化、符合市场导向的住宅生产体制。"继第一批城市住宅小区试点开展之后，城市住宅试点工程陆续开展了几批试点，成为了提高住宅"科技含量"的试验田，强调"新技术、新工艺、新材料和新设备"的应用与推广。住宅产业现代化的试点，大力推行住宅产业的标准化、集约化和工业化，对促进中国的住宅建设从无序走向有序，从粗放走向精品的生产模式提供了支持。

3.5.2　家装的普及与住宅室内设计的兴起

中国政府在 1994 年发表的《中国 21 世纪议程》中明确提出，要建设"内外部优美，标准化、实用的住宅模式"。一个好的、适用的住宅模式，其意义不仅仅在于对模式的具体形式的学习与模仿，而更重要的是对产生这种模式的思维方式与设计方法的借鉴与推广。因此，即便就同一种设计模式而言，由此衍生出来的设计方案仍然是丰富多彩的。

在对住宅外部空间的居住形态模式的研究之中，有聂兰生先生提出来的"交往单元"模式、张守仪先生提出来的"住宅组团"模式以及吴良镛先生推出的"类四合院"模式等。

在住宅的单体设计模式研究中，主要有罗文娣的"经营户型"模式、东梅的"环路式"模式以及于大中的"新型双出入口"模式等，这些模式涉及的都是单体住宅或住宅单元的内部空间形态，对住宅内部功能空间的组合与交通流线的组织都作出了积极的探索。

"经营户型"模式探讨的是"前店后宅"式的建筑文化的延续。当今城市之中，大型商场和购物中心比比皆是，以高档的商品、先进的设施和优美的购物环境来招揽顾客，但它们却缺乏传统经营方式的小店铺的那种人情味。城市的发展不应该割裂历史，在城市进行大规模的改建时应充分尊重当地的风土民情。"前店后宅"或者是"上店下宅"的商住形式之所以能够延续至今，也表明它在市场经济中的地位和作用是难以被取代的。

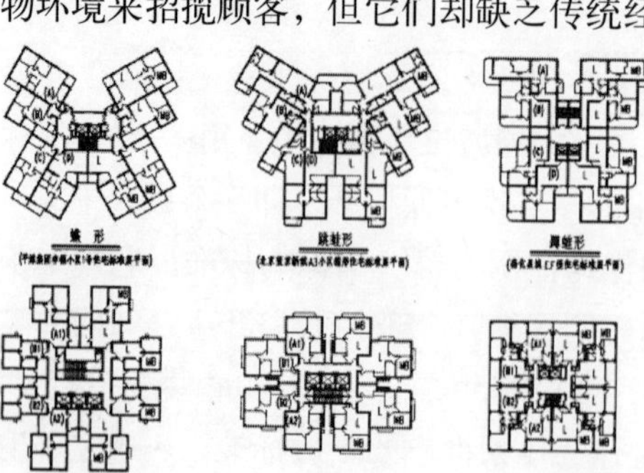

图 3–21　高层塔式住宅楼平面
(图片来源：建筑学报 .1997，11)

"环路式"模式通过对住宅

室内空间的灵活划分，在户内形成环路体系，对不同性质的人流进行不同的组织和疏导，从而基本做到了公私分离，动静分离，洁污分离，使人们在起居、睡眠、就餐、炊事、厕浴等方面的活动各得其所，互不干扰，同时又密切相关。各个功能空间的分解得到了进一步的阐释和深化。在设计中，还特别对面积的分配作了深入的研究。这种住宅空间划分模式，使住宅空间的利用更加合理，更富有趣味性。

“新型双出入口”模式是对居住空间进行的全新探索。住宅划分了较为明显的功能分区，主生活区分别是主卧室、书房、客卧和卫生间，辅助生活区则是厨房、次卧和卫生间，这样，就为住宅双出入口的设计奠定了基础，居民分别通过两个出入口进出住宅，洁污分离、食寝分离，避免了大面积的住宅在使用出入口时的交通穿越现象，使客厅与卧室不受干扰。

随着改革开放的逐渐深入，人民生活水平明显提高，对居住环境的要求也日益提高。1991 年国家通过的“十年规划”和“八五计划纲要”中已经指出：“加快住宅建设，发展室内装饰业和新型建筑材料。”从中我们可以看出，家庭装饰业已经纳入到 20 世纪 90 年代国民经济和社会发展的重要序列中，同时与住宅建设、新型建筑材料相辅相成，同步发展，成为了国民经济和社会发展中新的经济增长点。家装的发展必然要求有符合生活需求的室内设计，因此，室内设计开始走进了普通家庭，掀起了城乡住宅装饰装修热。

我国的住宅装修兴起于 20 世纪 80 年代末，形成于 90 年代初，比公共建筑装饰发展晚了大约十年。“这是一个高速发展的行业，年均发展速度超过 30%，远高于同期国民经济年增长 12% 的速度。”[①]所以，住宅装修在 90 年代已是一件十分普通的事，并且还有装饰标准越来越高，费用越来越多的趋势。90 年代初、中期，大约有 90% 的用户在迁入新居之前都要进行不同程度的装饰装修，装修花费从几千元到两三万元不等，有的甚至超过了十万元。家装的室内设计也从单一的居住型向舒适型和享受型转化，从只装修客厅和卧室向注重卫生间与厨房的设计进步，从相互攀比、盲目装饰装修向注重空间营建、讲究个性展示的设计发展。随着社会经济的发展和生活水平的稳步提高，2000 年中国城市小康住宅标准的提出和示范工程的实施，相应地使城市小康住宅的室内设计要求有了一个质的飞跃，其目标是创造一个舒适优美的人居环境和生态环境。因此，室内设计往往被称之为室内环境设计，它的范围应当包括室内空间及各界面的装修、装饰、陈设、绿化，乃至音响、照明、采暖、通风设备等。它的作用是不仅要解决物质功能的需要，也应该满足精神的审美需求。

住宅建筑室内设计的兴起，在我国室内设计发展史上具有非常重要的意义，它标志着室内设计已经不再仅仅为少数大型公共建筑所专有，而是同时进入到寻常百姓家，“以人为本”的设计理念，从此便有了更加深刻的内涵。

---

① 黄白 . 对我国家庭装饰业发展的一些认识 . 室内设计与装修 .1997，2：29.

1. 河南平顶山矿务局高层塔式住宅楼

设计人：马韵玉、戚宇

资料来源：建筑学报 .1997，11：24-28.

河南平顶山矿务局高层塔式住宅楼的设计，是建筑师对高塔住宅设计的思考，高层住宅有竖向以及水平交通的组织管理，消防疏散、设备管线的布置等问题都需要一一考虑进来，增加了设计的难度。

高层住宅的交通核主要由楼梯、电梯、电梯厅、楼道（走廊）、户门前厅以及管道竖井、垃圾间等组成。住宅包含了丰富而多样的日常起居生活内容，是一种功能相当复杂的建筑类型。根据各种功能空间所包含的生活内容，可以将其划分成共用空间（包括门厅、起居厅、厨房、餐室等家庭成员可同时使用的空间）和自用空间（包括卧室、浴厕等家庭成员单独使用的空间）。基本的设计原则是：共用空间是居民进行交往、娱乐、会客、餐饮等活动的空间，人员集中，流动性大，活跃程度高，私密性较弱，应安排在靠近入口的位置并且适当集中，以避免对自用空间的干扰。自用空间主要供人们休息、学习之用，满足生理卫生的要求等，是相对较隐秘的空间，其活跃程度低，要求设置于环境较安静的区域，适当远离出入口，尽量安排在不易受到干扰的位置。

2. 贞一别墅

设计人：赵宁、黄权铿

建成时间：1998 年

建筑面积：860m^2

资料来源：建筑学报 .2002，02：49.

贞一别墅坐落于肇庆市旅游度假区北岭山麓的山坡林地之中，于 1998 年建成，建筑面积 860m^2，占地面积 2280m^2，正南面向著名的风景区七星岩湖面，与四季如春的湖光山色交织而成一幅宜人的岭南庭园建筑图景。

整幢别墅造型简朴，色彩单纯，呼应山形走势，以庭园景观、林木花卉相烘托。首层为支柱层，不砌外墙 ，将自然环境、山石林泉、诗情画意充分融入旷室之中，模糊了室内、室外的概念，空间环境的营造适应春夏秋冬四季的变化，是一个全天候的休憩和活动场所。

从别墅的入口、台阶，经由支柱层休息厅，通过位于正北端的旋梯，登上二层空间。二层设多功能文化和休息大厅，面积为 202m^2，为会客、展览和歌舞活动提供了一个朴素而又宽松的沙龙环境，除了布置少量的藤木家具外，预留了大量的活动空间。在墙壁上陈列着以海洋为主题的巨幅摄影作品和名人书画作品。大厅的南面是露天观景大平台。

三层是为满足家居之需而布置的，中央部分是起居室，卧室分列两旁，正南方设置画室，画室外面连接着露天观景大平台。顺着旋梯，可径直登上四层，又是一个露天观景大平台。各层厅室的安排均保证顺畅的穿堂风，并通过尽端处楼梯间中上拔的气流加强了整体建筑的自然通风效果。

3. 棕北小区

设计单位：成都南方美学建筑装饰设计事务所

建筑面积：96m^2

资料来源：室内设计.1995，4：18-21.

本次室内设计的对象是一套面积为96m^{2}的三室一厅的普通商品住房，根据住户的情况拟订了此次的设计宗旨——不刻意追求新奇变化，但应达到舒适、现代、高雅的设计风格。

客厅的设计在注重功能的前提下，特别注重考究色彩的搭配，即用墙、顶、地的浅色来衬托出多彩的家具以及光彩夺目的艺术品。

卧室的设计突出主人的个性、品位，专门设置了展示主人收藏品的、晶莹剔透的弧形玻璃展示柜。

在家具的设计方面，沙发选用色彩跳跃的布艺沙发；客厅中心的电视柜选用黑色材质，在缤纷的色彩中起着调节的作用，使整个设计显得华丽而不浮躁，色彩缤纷而又庄重得体；餐桌也是木质的，使人在用餐时也能感觉到大自然的清新气息。

卫生间的设计主要以简洁明快为主。墙面铺设白色暗花纹的高级墙砖，地面采用抛光白灰色地砖，墙面装饰则为深红色腰带，顶棚选用白灰色浅粉红花纹PVC扣板，照明为筒灯，洗面台选用的是芝麻白花岗石台面，墙面做了一个小壁柜，用以摆放洗漱用具，梳妆镜选用的是高级磨边镜，洗面台上方做了一个日光灯具，使洗面台的光线足够明亮。

在厨房的设计中讲究实用、简洁、明亮的风格。整个厨房的壁柜色调以白色为主调，加上土黄色的装饰条，显得干净、明亮，布置上色彩鲜艳的不透钢厨具，整体上显得非常现代、高雅和洁净。取消了通往阳台的门、窗，阳台，并用银白色铝合金封闭，在阳台上放置冰箱和洗衣机，使空间的利用更趋合理化。

4. 老人的居室设计

设计人：王奕

建成时间：1998年

建筑面积：84m^2

资料来源：室内设计与装修.1999，01：84-87.

这是一对退休夫妇的住宅，设计处处体现了对老年人的关怀。首先，从空间上，根据老人的活动习惯对原有平面布局不是很合理的地方进行了较大规模的调整。增大主卧室的面积，因为老人更多的是在房间内活动。卧室内走道尽量放宽，以减少磕碰。中间卧室面积减小，仅保留休息功能。西面卧室改为小面积卧室，兼具多人休息睡眠、儿童活动、娱乐等多种功能。其余面积作为餐

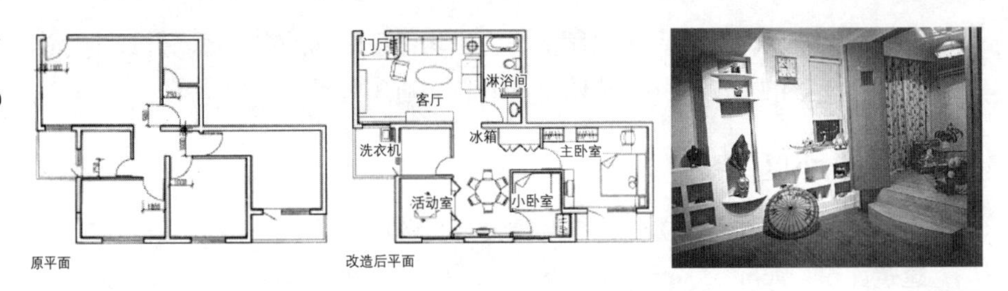

图 3-22　老人的居室设计（图片来源：室内设计与装修 .1999，01）

厅、壁柜，并增加大量顶柜空间，以供主人堆放积攒多年的物品。

家具的配置与摆放也是根据老年人的习惯与爱好进行的。餐厅内摆放圆桌，餐厅紧邻厨房，冰箱靠近客厅、餐厅和厨房，使用较为方便。餐厅采光好于客厅，平日主人夫妇更愿在此活动，故和室采用折叠门，可增大餐厅的空间感。餐厅内留有电视的位置，餐椅选择舒适的木质皮椅。客厅沙发选用较高的高度和较硬的材质，符合老人身体活动的规律。

不仅在空间设计和家具选择与摆放上注重老年人的需求，在装修材料的选择上也顾及老年人的使用及喜好。墙面选择了素色墙纸，色彩柔和且耐擦洗；主卧室选用的古典纹样的顶线搭配暗条纹壁纸，更加显得温馨；照明设计既考虑渲染气氛时的重点照明，也考虑到平日老人使用时的高照度和节电的要求等，所以说这是一个体谅老人生理和心理需求的、方便的、实用的、个性化的居室设计。

第 4 章　中国当代室内设计的全面发展（20 世纪末至今）

4.1　时代背景

4.1.1　加入 WTO

加入世界贸易组织意味着我国改革开放的深度和广度必然大大提高，外商投资环境也有了大大的改善。大幅度地减让贸易关税，取消或减少非关税贸易的壁垒，开放越来越多的投资领域，给予外商们最惠国待遇及国民待遇，必将刺激外商的投资热情，吸引更多的国外客商来华观光旅游、投资办厂或设立分支机构、办事处。这对我国的写字楼、宾馆、酒店、商场、金融大厦、会展中心等公共建筑的需求产生了很大的刺激。一方面，新建的高档、豪华建筑越来越多，另一方面，大量的原有建筑设施需要更新、改造和扩建，这都必将拉动建筑业、房地产业及相关行业包括室内设计业的发展，给我国的室内设计企业带来新的商机。

加入 WTO，积极参与全球经济一体化，按 WTO 规则参与国际市场竞争，一方面，给国内室内设计业的发展提供了不可多得的契机，另一方面，让具有先进管理水平的外国设计公司进入我国设计市场，也会给国内室内设计企业，特别是重点的室内设计企业带来更大的竞争压力。原建设部、对外贸易经济合作部令第 113 号《外商投资建筑业企业管理规定》和第 114 号《外商投资建设工程设计企业管理规定》的规定要求 2003 年 10 月 1 日后，外商投资建筑业企业，申请建筑业企业资质应当依据《外商投资建筑业企业管理规定》、《建筑业企业资质管理规定》、《建筑业企业资质管理规定实施意见》、《建筑业企业资质等级标准》以及有关建筑业企业资质管理的规章、规范性文件。由此可见，外资室内设计企业在我国的活动将被开放，国内的室内设计市场也必将受到国外企业的冲击。这既是压力，也是推动我国室内设计业发展改革的动力。

加入 WTO，外国先进的室内设计企业进入我国，这无疑带来了先进的经营理念、施工工艺和管理经验，为中国的室内设计企业提供了很好的学习和合作的机会，促进了我国室内设计业的服务水平和服务质量的提高。同时，现代化的施工机具和施工工艺的引进，对国内施工队伍也提出了更高的要求，要求广大从业人员不断地提高技术技能、改善装备，从而提高整个设计队伍的能力和素质。最终，使我国的室内设计企业也能走出国门，到国外承包工程。

总之，不论是机遇还是挑战，国内企业在加入WTO之后要把握好与国际市场接轨的机会。一方面，室内设计企业自身要勤练"内功"，学习借鉴国际先进的设计、施工、管理经验，增强实力；另一方面，我国的室内设计企业要积极地大力发展对外工程承包，通过对外交流，提高工程技术和管理水平，也可展示我国室内设计企业的实力，同时获取更多相关的国际工程信息，改变我国一直以来以劳务输出为主的局面，形成集设计、咨询、材料、设备、劳务和管理为一体的对外总承包局面，并带动建筑设备、材料及其他相关产品的出口，提高室内设计业的整体水平。

4.1.2　21世纪新动态

哥本哈根世界气候大会，全称是《联合国气候变化框架公约》第15次缔约方会议暨《京都议定书》第5次缔约方会议，于2009年12月7日至18日在丹麦首都哥本哈根召开。来自192个国家的谈判代表召开峰会，商讨《京都议定书》一期承诺到期后的后续方案，即2012~2020年的全球减排协议。这是继《京都议定书》后又一具有划时代意义的全球气候协议书，毫无疑问，这对地球今后的气候变化走向会产生决定性的影响。这是一次被喻为"拯救人类的最后一次机会"的会议。电影《2012》自开播以来引起了多轮热议，气候变化带来的恶劣影响已为人们警觉。2010年5月开始并持续到10月份的世博会也将"绿色"与"低碳"视为这次博览会的一个重点。2010年3月3日，在政协会议上，九三学社中央提出的《关于推动我国经济社会低碳发展的建议》得到了国家发展和改革委员会的高度认同，被列为"一号提案"。

面临这些灾难性的问题，实行绿色环保设计、推行"低碳生活"、推行"小行动改变大气候"成为21世纪的"时髦"话题。

走中国特色的低碳发展道路必须坚持两手抓：一方面，从每个人的居所——建筑入手；另一方面，还必须要从城市整体的层次来寻求应对之道，即打造生态城、低碳城。

目前，我国中新天津生态城、曹妃甸生态城、深圳光明生态城以及湖南长株潭和湖北武汉"两型社会"配套改革试验区正在规划建设之中，还有越来越多的城市即将投入到低碳生态城的实践中。

近几年的历年检查结果表明，我国绿色建筑和建筑节能事业有了一个巨大的飞跃。世界上没有哪个国家和地区在绿色建筑和建筑节能的发展上会出现如此巨大的跳跃性发展阶段。目前，上海、深圳、厦门、广西、浙江、江苏、四川、新疆、广东、重庆、山东、福建、湖南等一批省市已成立绿色建筑委员会或正在积极筹备成立绿色建筑委员会。

在建筑业对环境造成的污染中，有相当大的比例是室内装饰材料的生产、施工与更新造成的，所以，绿色建筑的一个重要关键词是“室内环境必须是健康环保的”。21 世纪的室内设计必须是一个整体系统，是在配合规划、园林、建筑、艺术等门类的前提下的环境艺术设计的整体系统。

在住宅问题上，要求首先依据 65% 以上的建筑节能标准进行建筑设计与施工；要求在房屋内配置实时的能源监控系统、实时的通信、高速度的宽带。在建筑材料上，必须体现高标准的节能性。住宅建设的另外一个具体要求是向社会提供不低于全部住宅数量 30% 的低价、可负担住宅（包括社会保障性的廉租房、经济适用房和过渡性的出租房）。

在住宅室内设计上，绿色环保设计要求整体的装修系统，即装修一次到位。2002 年 5 月，原建设部住宅产业化促进中心正式推出了《商品住宅装修一次到位实施细则》，提供了解决一直困扰住宅产业的装修问题的途径。由开发商所进行的一次装修是一个集约化的过程，减少了购房者进行二次装修时的拆墙补建行为，既可以节约材料，又为住户省去装修的劳心之苦，是绿色生态设计的一个重要环节。

室内生态设计还强调在对室内环境所进行的建造、使用和更新过程中对常规能源与不可再生环境的节约与回收利用，即使对可再生资源，也要尽量低消耗使用。在室内生态设计中实行资源的循环再利用，是现代室内环境生态设计的一个基本特征，也是设计体现可持续发展的基本手段与设计理念。

4.2 宾馆、酒店建筑的室内设计

近几年，随着我国社会经济、交通事业和旅游事业的快速发展，旅游、商务人流大幅增长，为酒店业的发展创造了巨大的市场需求。全球最大的商旅管理公司——美国运通在 2007 年 12 月发布的关于中国商务旅行的情况调查报告显示，中国的商务旅行市场年度消费额已经达到 100 亿美元，位列全球前四。此外，中国也是全球商务旅行增速最快的国家之一。巨大的市场需求给商务酒店的发展带来了机遇，也带来了日趋激烈的竞争，商务客人逐渐成为了酒店之间争夺的客源。其中，酒店的室内设计作为酒店硬件的重要指标，在竞争中就显得尤为重要。

4.2.1 综合宾馆酒店

如何通过室内设计来塑造酒店的特色和文化，进而提升酒店的形象，是综合酒店室内设计的基本要求。酒店文化指的是酒店自成体系的思想观念、文化观念、价值标准、管理模式以及经营理念的总和。它常常需要通过物质形态的载体来表达，室内设计与装饰就是表达酒店文化的重要载体。因此，室内设计中的空间布局、材质、色调、照明、装饰物的主题以及绿化等要素要紧紧围绕酒店的某一核心理念，为营造整体氛围服务，处处显示酒店的别致与匠心，这是酒店室内设计的本质所在。

图 4–1 广州富力君悦大酒店位于 22 层的大堂及位于连接双塔的空中悬桥的 Guanxi Lounge
（图片来源：http：//bbs.meadin.com/dispbbs.asp？boardid=23&id=126814，http：//www.199.com/EditPicture_photoView.action？pictureId=130912）

1. 广州富力君悦大酒店

设计人：加利福尼亚建筑师 Peter Remedios

建筑面积：客房 375 间

建成时间：2008 年

资料来源：中国创意网 http：//www.creativecn.cn/？ viewnews-2017

广州富力君悦大酒店坐落于广州天河新商务区珠江新城，是一所国际连锁的五星级酒店，也是广州首间引入“空中大堂”的国际五星级酒店，酒店大堂位于整幢建筑北塔的 22 层。

酒店外观是简洁的流线型设计，建筑室内设计也是简洁中透出高贵的气质，宛如剧场，这里的一切无不刺激着入住者的感观。大堂内一面巨大的砂岩墙映入眼帘，墙上镶嵌着错落有致的小窗，散发出柔和而迷人的光线。一侧，灵动的水幕从大堂顶端滑流而下，透过灯光折射出七彩的光芒；另一侧，一片清幽怡人的竹林为这里增添了几许自然的气息，一座现代化与时尚的玻璃桥贯穿整个大堂，成为聚焦点。在室内建造的竹林，通过石材和玻璃的生动配搭，把室外的自然景观带到了酒店的室内。酒店客房均由精美豪华的材质铺装陈设，其线条简洁流畅，色彩简单明快，并运用现代“岛屿概念”的浴室，浴缸和淋浴组合在一起成为了时尚的焦点。时尚与自然，现代化与古朴感，两种截然不同的元素如此巧妙地融合在一起，使整个酒店披上了神秘的面纱。

2. 东莞索菲特御景湾酒店

设计人：姜辉（集美组）

建筑面积：客房 268 间

建成时间：2002 年 3 月

资料来源：室内设计与装修 .2002，06：60-65.

东莞索菲特御景湾酒店是一家只有五层高的商务旅游酒店，位于东莞市东城区虎英旅游区的虎英公园内，因此，与周围自然环境的有机组合是酒店的一大特色。

图 4–2 东莞索菲特御景湾酒店
（图片来源：www.easy-linkholiday.com/，http：//www.199.com/EditPicture_photoView.action？pictureld=131609）

酒店的主体部分主要是酒店的大堂和客房区。酒店大堂采用五层高的天花形成一个大的共享空间，强调了酒店的自然特点，塑造出了具有高雅格调的酒店风格。大堂面湖方向的玻璃幕墙和采光玻璃顶棚，使大堂有全湖景的视野和充分的光照，加之室内的植物景观，是整个酒店自然风格特点的集中表现。酒店总服务台在大堂的东侧，是大堂气氛的延续，所以，除满足特定的功能需要外，在装饰效果上更为丰富。服务台的绿色树叶屏风，与酒店的浅浅的米黄色形成了一个对比，成为了大堂的又一个聚焦点。

大堂吧及茶园，充分利用大堂的宽阔空间和自然温馨的特点，自然地延伸出独具特色的空间。大堂吧在酒店大堂室内的西侧，而茶园则在西侧的一个室内与室外之间的半封闭空间里，以木饰屏风门窗作间隔，表现出浓厚的浪漫气氛。

御景湾酒店的室内设计追求和营造了一种自然清新的旅居空间。客房也是一样的，除了自身设计风格的简洁外，客房全部朝向游泳池，有高大的树木相衬托，与周边的自然环境融为一体。

3. 九寨沟喜来登国际大酒店

设计人：建筑：王毅、华天荣等，室内：香港测建室内设计公司

建筑面积：14219m^2

建成时间：2002 年

资料来源：建筑学报 .2004，06：46-49.

建筑大师赖特（Frank L.Wright）曾说：“好的建筑是不会伤害到地景（landscape）的，而是会使地景比没有建筑物之前更美丽。”九寨沟喜来登国际大酒店就使九寨沟这个被收入世界遗产名录的风景区加上了瑰丽奇特的特点。

酒店是按五星级标准设计的一座现代化酒店。整个建筑设计参照当地传统村落的特点，依山傍势、层层跌落，是一座具有鲜明特色的藏族山寨式建筑。

酒店把提炼出来的九寨沟地区民居特征如坡屋顶、穿斗架、夯土墙等作为造型元素，在酒店室内设计中反复应用。客房、剧场等的造型都来自于藏族的

图 4–3　九寨沟喜来登国际大酒店
（图片来源：
http：//03060969.member.lotour.com/memberinfo.shtml，http：//www.365tty.com/product/html/135.html）

装饰风格。剧场造型模仿了藏族的休闲帐篷。剧场前面的歌舞广场采用了莲花瓣的图案，莲花在藏族人心中是吉祥如意的象征，广场上的十二根铜柱取材于藏族的十二生肖图腾。标志塔的造型则更现代化和抽象化一些，它融和了佛塔和碉楼的特色，巍峨耸立，与主体建筑群取得了体量上的均衡，成为了建筑群竖向构图的中心。

藏族传统建筑的装饰主要体现在女儿墙、窗套、门头、柱子等部位。宗教性建筑装饰复杂，色彩浓重，对比强烈，民居则要朴实、简单一些。酒店的室内设计吸收了传统的特点并进行了中和和简化，简洁明快、朴素典雅，与现代化酒店的性格相吻合，并与古山绿水的环境相协调。

酒店将奥地利的灰绿色沥青瓦和德国的白色涂料用在外装修上，有了更好的物理性能和与自然协调的色彩，这是将现代材料和现代技术运用于地域性建筑的一个典范。在空调系统中，取消了制冷机组，利用山中温度较低的溪流水来制冷降温。

4. 重庆喜百年酒店

设计人：赖旭东

建筑面积：16000m^2

设计时间：2006 年 9 月

建成时间：2007 年 6 月

资料来源：室内设计与装修 .2008，04：48-51.

位于重庆市江南大学城附近，是一家比较成功的改造型商务酒店。个性化、时尚化的现代风格，在整个酒店室内设计中被表达得淋漓尽致。首先，在大堂、大堂吧、西餐厅采用白、红两种简单而时尚的色彩组合，并辅以 LED 七色扫描灯，在丰富整个空间色彩的同时，又带来了视觉的梦幻和动感。在客房部分，根据空间尺寸，在颜色、家具、工艺品和地毯应用上精心搭配设计，形成了以黑、红、黄、白、水晶为主题的极具个性风格的客房，并相应地在整个酒店夜景中也加入了各种有色光与之呼应，使整个酒店的“色”与“形”达到完美的融合。

图 4–4 重庆喜百年酒店
（图片来源：
http：//bbs.fdc.com.cn/showtopic.aspx？onlyauthor=1&topicid=14590867&&page=1）

4.2.2 度假村酒店

我国自 20 世纪 70 年代末出现旅游度假村这一建筑类型以来，其发展十分迅速。旅游度假村是以当地的旅游资源为基础，结合本身的娱乐、休闲等配套设施而开发的可以使游客获得身心休憩、娱乐和精神陶冶，且自身又创造一定效益的旅游区域。从目前我国的旅游状况来看，观光和休闲旅游是主要的旅游形式，而观光和休闲的动机：一是由地理人文环境的差异引起的，人们希望感受与自己的居住地不同的地方环境，二是人们可以在感受不同的环境的同时得到精神的放松与愉悦。因此，旅游度假村的环境形象是基于以建筑作为游憩环境及其在规划设计中对当地的自然景观和人文环境的认识上发展的。

我国的旅游度假村主要集中于人文环境及当地自然特征较典型的旅游区，与大自然有密不可分的联系。旅游度假村或坐落于大海之滨，或生根于雪峰之麓，或独揽林泉之秀，或尽取乡野之乐。它为游客开辟了一片世外桃源，游客们在此得以彻底摆脱日常工作与烦扰，身心得以彻底放松，这正是其独特魅力之所在。但由于旅游度假村多是处于环境优美的生态敏感地带，所以也对其设计提出了更高的要求。

1. 博鳌金海岸温泉大酒店

设计人：任同勋

建筑面积：23000m^2，客房为 336 间

建成时间：2000 年

资料来源：室内设计与装修 .2002，06：44-51.

博鳌金海岸温泉大酒店坐落于海南博鳌万泉河入海口，自然风景得天独厚，整个酒店占地 700 亩，建筑面积 23000 多平方米，由主楼（其中一、二层为大堂，三、四、五层为客房）及 A、B 两栋客房楼组成。

酒店功能分区为大堂、中西餐厅、酒吧、客房以及各种娱乐中心。大堂和各功能区均选用暖色为主色调，二楼走廊及首层靠近玻璃幕墙等处的天花都饰以桃花芯木板，大堂的主要墙面采用进口的白沙米黄，地板以及栏杆扶手则采用进口的澳大利亚砂岩，避免了酒店大堂给人以过分亮滑的感觉，与巨大的墙

图4–5 博鳌金海岸温泉大酒店
（图片来源：http：//www.ddove.com/picview.aspx？ id=12630）

面艺术漏雕及玻璃实木格子门形成强烈的对比，共同构筑了华丽而富有戏剧性的空间环境。在这里，白色被作为一种高贵的色调加以使用，能更有效地陪衬绿化及家具。家具所用布料及地毯、壁毯、挂画的选择与设计也是设计师合作完成的。地毯设计采用了大型图案，与大面积的大堂相匹配，壁毯采用热带海底世界为题材构图，布料上的图案一般都采用了单色，以避免与建筑物的风格不一致，最终形成了一种贯彻始终的暖意。

首层大堂吧是大堂中最具有特色的一个地方，在这里，客人有进入一处宏大的私人豪宅的尊贵感。总服务台的处理打破了传统的老模式，尺度上作了大的调整，客人与服务员都是座式，使人有一种宾至如归的感觉，服务台面也以进口小牛皮装饰，避免了大理石的单调、冷漠感，再配以金箔饰面的木作，显得华丽而尊贵。分布于各个部位的家具、灯饰都是设计师精心挑选与设计的，做工精细、用料考究、色彩富丽。部分家具从西班牙直接进口，藤器部分直接从印尼定制，每件都仿佛是大型展厅里的精美艺术品。与酒店内富丽堂皇的家具、艺术品形成鲜明对照的是相对简洁、古典的细部装饰和材料的运用。

房间平均面积达40m^2，每间客房都有一个大型阳台、大型壁橱和浴室，内部装饰华丽，却又不失舒适和魅力。其整体效果是由很多细节有机构成的，相配的许多中、西古典风格的艺术品也成为了客房的亮点，营造出了高贵典雅的气氛。

2. 九寨天堂国际会议度假中心

设计人：张宏伟、夏向宁、王永军

建筑面积：35825m^2

建成时间：2003年12月

资料来源：建筑学报.2004，06：54-55.

九寨大堂国际会议度假中心坐落在九寨沟甘海子地区，主体建筑包含两座五星级酒店、温泉泳浴中心、展览厅、会议厅，是一个功能复合的综合体，也是集多种功能于一体的大型综合性生态旅游度假区。

度假中心的酒店平面部分采用了扇形的布局方式。客房区犹如伸开的五个

图 4–6 九寨天堂国际会议度假中心
（图片来源：http：//www.cits-sc.cn/new/jingdian/jiuzhaigou/9ztt.htm，http：//www.tomorrow-trip.com/hotel/detail/338.html）

手指插入山林之中，各个区域顺应山势依次抬高，然后采取局部架空、重点填土等方式调整室内外地坪。整个度假中心像是从自然丛林中长出的建筑体，从玻璃顶破壳而出，建筑物穿插在树林之中，林中剩下的一些大树也被纳入到大玻璃顶内，既借了景又起到了很好的保护作用。

九寨天堂国际会议度假中心大堂的概念独具一格，将当地的羌寨碉楼结合小桥流水等自然景观融合在玻璃穹隆内，形成了一个不受气候影响的室内旅游古镇。古镇内的碉楼、石砌房、栈道、石片墙、木柱横梁、玉米棒等，一景一物都延续了藏羌浓郁的民族风俗和源远流长的历史与文化内涵。在羌寨内众多的活动场所中，人们可以像在野外一样围着篝火烤羊肉、跳舞。建筑以当地随地可取的片岩为基本材料，还聘请当地的土生土长的羌民、藏民用传统的手艺来施工。现代材料与当地传统材料的对比与统一在这里都得到了很好的表现，以现代的手法将两者有机、巧妙地结合，既达到了建筑物与周围环境的统一，同时也降低了成本。从文化内涵上来说，这种做法既再现了当地的风俗文化，同时也满足了旅游者探究异域风土人情的猎奇心理和欲望。

度假中心内的温泉中心以半椭圆玻璃球体为顶，巨大的透明玻璃建筑在阳光下显得晶莹剔透，其通透性让室内外水池交融，让人觉得无时无刻不在林中。室内耸立着几十棵原生于此的大树，形如钙化池的金色温泉池层层跌落，镶嵌在林间，给久居在喧嚣都市中的人们一个与自然亲密接触的机会。

整个度假中心采用了先进的生态环保理念，充分利用当地的气候特征，避免使用空调系统，同时还配备了独立的污水处理厂，以一种谦虚平和的姿态去面对周边环境，在考虑到内部环境的同时也展示了对整个外部环境的关爱。

4.2.3 主题酒店

主题酒店是以一种特定的主题语言，采用特定的装饰手法和表现方式表达酒店的特定的设计风格，围绕这一特定的主题风格，创造一种独特的文化氛围，从而让大家在享受这一特定文化的同时，了解、学习与这一主题相关的某些特点，让顾客乐得其所。同时，酒店的各项服务也都与这一主题、这一风格相关，更具有个性化，让人耳目一新。主题酒店的主题选择很多，可以与城市的历史、文化有关，也可以与酒店所处的地理位置、自然气候有关。主题酒店的推出在国外已有近 50 年的历史。1958 年，美国加利福尼亚的 Madonna Inn 率先推出 12 间主题房间，后来发展到 109 间，成为了美国最早、最具有代表性的主题酒店。主题酒店作为一种正在兴起的酒店发展新形态，在我国的发展历史不长，分布范围目前也主要在酒店业比较发达的广东、上海、深圳等地。

1. 广州番禺长隆酒店

设计人：林学明、陈向京、曾芷君、蔡文齐、梁建国、张宁、卢海峰、林春莉（广州集美组）

建筑面积：$58000m^2$

建成时间：2001 年 12 月

资料来源：室内设计与装修.2002，06：52-59.

广州长隆酒店是一座个性强烈的主题性休闲酒店，以回归大自然为主题，整个酒店都在野生动物园中间，四周被亚热带丛林环绕。

整个酒店平面基本是长方形的，按功能可以分成四个基本部分，分别是右下部（东南）、右上部（东北）、中部、左部（西部）。右下部为两个大堂和接待区，分别是集体游客接待区和旅游散客接待区，分别作精心的设计，广泛应用动物题材，包括雕塑、装饰构件等。集体游客接待区大堂采用五层高的天花，悬挂仿麋鹿角设计的大型吊灯，增强了主题气氛。散客接待区大堂则利用五层高的共享空间，在中间建立一个四方形的独立的以树木盘绕为形象的空间作为服务台，老虎的雕塑攀于上方。右上部，也就是东北方位则是宴会和国际会议中心。中部是餐饮和娱乐活动区域，包括两个动物主题中庭。客房区在酒店建筑的西端，中间刻意地用过道隔开餐饮和康乐区，使得客房

图 4-7　广州番禺长隆酒店

区独立出来。客房本身分布在三个独立的建筑物中，它们之间以过道连通，既相对独立又互相关联。

长隆酒店的动、植物主题表现在酒店内部的两个巨大的中庭——白老虎庭院和火烈鸟庭院，两个庭院分别由餐饮区域和康体区域包围住，客人坐在餐厅就餐就可观赏到两只南非白老虎在优雅地漫步。在酒店的其他区域，如客房区、西餐厅、外走廊等区域，客人可观看到动物园区里的长颈鹿、斑马等动物在沙地上奔跑，成群的白鹤、天鹅、火烈鸟等珍禽在湖边嬉戏。室内仿做的羚羊角交错组成的壁灯，以白虎身上的斑纹为形象设计的印花地毯，以各种动物为题材的雕塑、粗陶等艺术品，巨大的仿真鳄鱼等环绕四周，自然美和艺术美交织在一起，令人完全沉浸在一个野生动物的野趣环境之中。

长隆酒店，从撒法里风格方向入手，创造出了一个国际特定的旅游风格。同时，又结合了华南的气候和人文特征，在国内创造了一个崭新类型的酒店，一个具有参与和互动特点的旅游酒店。

2. 深圳视界风尚酒店

设计人：荣益

建成时间：2008 年

建筑面积：108 间客房

资料来源：http：//www.soufun.com/house/

视界风尚酒店位于深圳大剧院东侧二、三楼，是深圳首座设计型的酒店，也是中国首家真正意义上的艺术设计酒店。酒店的 108 间客房共使用了超过 60 种装饰风格和设计主题，涵盖了风尚、空间、波普、摇滚、卡通、怀旧等各种元素。空客 A380 主题的机舱客房让人恍然如梦，东南亚风格的禅房弥散着宁静的竹香，洞穴错落的房间带来前所未有的新奇体验，以玛丽莲·梦露为演绎中心的客房十分性感，玻璃盒子、水晶宫、红色城堡、日式榻榻米、波普

图 4-8 视界风尚酒店内让人眼花缭乱的多种不同风格的客房
（图片来源：
http：//www.8884h.com/shenzhenjiudian/shenzhen-shijiefengshanjiudian.html）

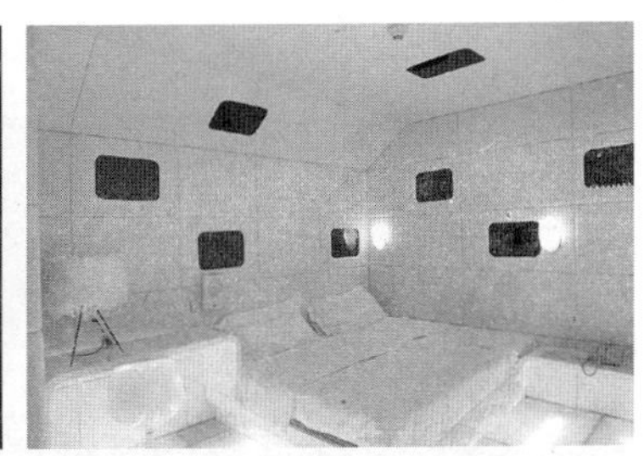

混搭、率性涂鸦，每一间房都是一间精心设计的艺术品，打破了天、地、墙的空间束缚。

不仅酒店客房充满神秘的设计感，酒店还设有十几种不同风格的走廊通道、视界概念餐厅、泉悦 SPA、物质生活书吧、设计师艺术沙龙等配套设施，都以不同的风格提供不同的时尚体验。

3. 深圳华侨城洲际大酒店

设计单位：华森建筑与工程设计顾问有限公司，香港龚书楷建筑事务所
建成时间：2007 年 5 月
建筑面积：108867m^2，客房 550 间
资料来源：建筑学报 .2008，08：64-67.

华侨城洲际大酒店是由洲际酒店集团管理的国内首家以西班牙的醉人风情为主题的商务度假酒店，酒店是在原深圳湾大酒店基础上改建而成的，保留了"中国第一面历史墙"，延续了原深圳湾大酒店的历史文脉，并与新建门厅间构成了前台的等候休息空间，成为了老酒店外观与新面貌、新内容的完美衔接和过渡，这正符合当下保护文脉的要求。

西班牙文化主题在整个酒店中被表达得淋漓尽致。大堂圆形的平面和柱廊、波浪形的拱门是西班牙斗牛场的再现与升华。宴会厅则体现了西班牙马术的优雅，并将代表西班牙典型风格的铁花图案贯穿于整个室内设计之中，如手工地毯、墙面、顶棚等处的装饰。墙壁上悬挂的艺术作品也都以马术为表现题材，并作为点睛之笔保证了整个宴会厅构图的完整。小宴会厅用马蹄形的砖拱来体现西班牙的室外广场概念。会议花园采用了西班牙著名建筑大师高迪的建筑风格。

客房是酒店的功能空间，而华侨城洲际大酒店的客房集功能、风格、人性化、特色文化为一体，努力创造了一个令人身心愉悦的场所。酒店的普通标准房完全脱离了传统的"标准"式设计，有三种完全不同的平面布局形式，其风

图 4-9　深圳华侨城洲际大酒店

格也包括现代、古典、中式、休闲度假式、超现代式等多种形式。

原深圳湾大酒店地块西侧的仓库和老锅炉房面积共约 4000m^2，被改造成了一个现代美术馆，是组成酒店建筑的一个有机体，被媒体评论为“中国第一座设计美术馆”[①]，成了客人享受文化艺术的场所，也是提升酒店文化品质的一个重要因素。酒店还设有一个约 1000m^2 的婚礼中心，包括一个利用人防出入口设计而成的小型的婚礼教堂，面积约 200m^2，还有周边种满玫瑰花的婚礼花园。

酒店入口处有一艘大型西班牙古木船特别引人注目，这是按哥伦布发现新大陆时的“SANTAMARIA”号帆船仿制的，是酒店的一个重要标志。这艘古船实际上是一间 800m^2 的多功能酒吧，装修风格古朴，却装备着现代的三维音响投影设施，人们可以在饮用酒吧自酿的纯正德国啤酒的同时，享受这历史与现代交融的文化意境。

4.2.4 经济型酒店

近年来，经济型酒店在我国大中型城市中迅速发展，成为了一种重要的酒店建筑类型。它起源于 20 世纪 60 年代的美国，1997 年 2 月，锦江集团在自有的“锦江”饭店品牌发展之后自然延伸，创立了“锦江之星”这一经济型酒店品牌，2002 年，如家酒店连锁公司开业，2003 年，莫泰 168 酒店（Motel 168）粉墨登场，创立于 2005 年的 7 天连锁酒店集团（7DaysInn Group），目前已建立了覆盖全国的经济型连锁酒店网络。经济型酒店行业巨大的市场需求和相比投资中、高档酒店较高的投资回报率吸引着无数投资者的眼球。

经济型酒店的公共设施部分比较简单经济，相比之下，客房设计对酒店设计的重要性可见一斑，客房设计的特征也往往是一个品牌的象征。经济型酒店的规模一般不大，客房从 10 多间到 100 多间不等，设施相对简单，但装饰布置则比较考究。大多数经济型酒店突出小而专，把客房作为经营的重点，这是经济型旅馆与其他类型酒店的本质差别。经济型酒店将顾客锁定为中、小企业商务人士，休闲及自助游客，将服务的重点放在“住宿和早餐”方面，即 B&B 模式。为节省成本，旅馆的客房整理、卫生打扫、洗衣等业务大都外包。但是，“经济”一词不应单纯地被理解为省钱，而应看做是一个理智的原则，要求以最少的代价取得最大的收获，包括精神的美学和物质的收获。

案例：锦江之星和宜必思比较[②]

锦江之星客房喜欢用一贯的暖白色，色彩素雅质朴，营造的是清新淡雅的环境色调，地面铺阿姆斯壮牌的塑胶地板，防烟头，易清洁。每个房间都

---

① 刘瑜.“蜂巢”里变出美术馆.2008-07-23.

② 黄晶.经济型酒店客房设计研究——“锦江之星”和“宜必思”的比较.华中建筑.2009，27.

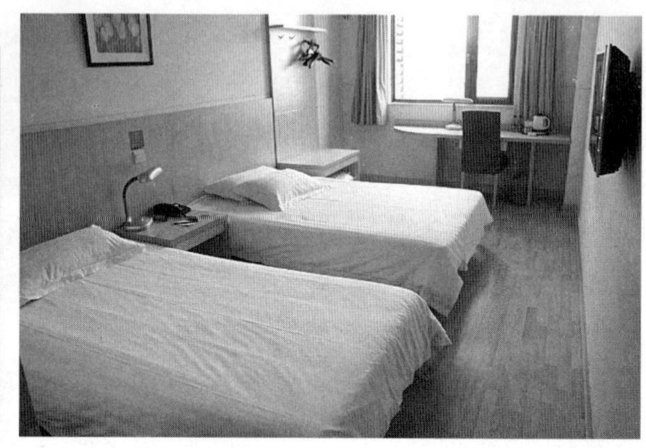

图 4-10　锦江之星和宜必思之客房比较
（图片来源：
http：//www.rzyuding.com/hotel/show.asp？ id=43，
右 http：//gdinbj.org/forum/forum.php？mod=viewthread&tid=7665 /）

有一扇深绿色边框的推拉窗，以双床标准间为主要类型，普通标准间每晚 178 元。宜必思的客房设计跟锦江之星的设计理念不同，宜必思客房房型以商务大床房为主，地面铺复合木地板。客房色彩以橘红色和蓝绿色为主，和酒店的 logo 颜色呼应，房间采用欧洲常用的简洁白色窗框的平开窗，家具都采用板式结构，白色拉毛墙面，在沙发、书桌以及电视台设计方面也跟国内酒店不一样，使整体桌面设计连接起来，既节省空间又实用，空间显得非常紧凑。普通标准大床房的价钱是 148 元，属于经济型酒店中价钱比较便宜的等级。两家品牌酒店的客房设计都是以简洁、舒适、温馨为目的，但是设计风格和手法又颇为不同。

4.3　商业建筑的室内设计

随着社会经济的不断发展以及商业竞争的日益激烈，现代的商业经营模式也越来越丰富多彩，诸如各大城市纷纷出现的大型商业广场、购物中心、商业步行街、大小型超市等，均是这种新形势下的产物。随着这些新的商业模式的出现，其室内环境设计在观念、内容、功能、形式及特征等方面也产生了相应的变化。在一定程度上，商业经营模式决定着室内环境设计的内容、思路等诸多方面，商业经营模式与室内设计的关系实际上就是功能要求、技术要求与设计形式的关系。功能与形式是室内设计理论中的一对基本关系，其基本原则是形式服从于功能，并要合理化、艺术化地体现功能。同样，室内设计也应服从于商业经营模式，遵循商业经营的客观规律，并对商业经营的整体室内环境进行美化设计和高层次的艺术包装处理。

从世界商业的发展势头来看，现代商业经营模式有向着综合性、多功能、超大规模经营和专业性、灵活、小规模经营两极并存的方向发展的趋势。近年来，现代的综合性商业广场购物中心正在逐步取代老式的百货商店，其中常常设有步行街道、绿化广场、共享大厅等。人们更乐于在购物的同时也能满足其他的活动需求，诸如餐饮、娱乐、运动、休闲观赏、美容美发、电影、表演等，可最大程度地方便顾客。大型超级市场也是在我国崭露头角的一种新型经营模式，采取开架售货形式，在这里，人们可以根据自己的需要和购买能力，尽情地选择从日用百货、家电到副食等各种价廉物美的商品，最后一次性地进行结算，省了许多烦琐的程序，减少拥挤，提高效率。除以上的综合性场所之外，融购物、餐饮、娱乐为一体的步行街、品牌连锁商店等也都纷纷以不可阻挡之势占领着市场。商业经营模式的变化带来了设计思路的变化，商业经营和设计规则本身的要求都促使设计思路在功能分区、平面布局、装饰手法、设计风格等方面同时作出相应的改变。

4.3.1 商业综合体（购物中心）室内设计

20世纪50年代以后，世界各国进入了和平发展时期，随着商品经济的发展，商品种类的丰富与多样，休闲时间的不断增加，加上人们的生活方式以及购物行为的更新，一些发达国家城市商业中心的复兴促成了一种新型商业建筑的出现——购物中心。它不同于单一的百货公司，而是融入现代商业与现代设计的意识，在新技术、新设施的条件下满足人们购物、游览、休闲、娱乐、饮食等多种活动的需要。购物中心以很好的商业环境让人们在安全的步行活动中将城市生活中的社会交往、购物需求统一在一个巨大、丰富的空间之中，而购物中心本身更是朝着复合化、集约化、巨型化的方向发展，形成了高度综合的大规模商业空间。

作为城市中购物休闲的亮点，购物中心不仅应设有舒适、方便的购物空间，而且应设有一个优美、安全的室内外环境及过渡空间和服务空间，并且将几方面因素有机地组合起来，从而形成良好的购物休闲氛围。

1. 华南 MALL

建筑面积：89 万 m^2

建成时间：2005 年 5 月 1 日

资料来源：中国经济周刊 .2005，34；城市环境设计 .2004，03：103-106.

号称"全球最大 MALL"的华南 MALL 位于广东东莞的郊区万江，由东莞市三元盈晖投资发展有限公司开发。华南 MALL，占地面积 43 万 m^2，建筑面积 89 万 m^2，其中，商业面积 40 万 m^2，停车位 8000 个（面积约 20 万 m^2），是中国首个集购物、休闲、餐饮、娱乐、旅游、文化、运动七大特色主题区于一体的超大型主题式购物公园。

华南 MALL 将室内外设计充分融合到一起，将景观规划的手法引入到室内设计中是其鲜明的特色之一。设计中有意将室内空间形象塑造得非常通透开敞、活泼有致，其体量和建筑细节的尺度很好地迎合了城市环境。通过丰富多变且通达的空间连接、过渡，使内部的空间构成异常丰富奇妙，同时各个空间自身又独具明显特征。建筑形象、空间形式丰富多彩，但却分别服从于一个明确的主题，比如加州海岸、旧金山、阿姆斯特丹、巴黎、威尼斯、埃及、加勒比等，室内设计风格令人耳目一新。

图 4–11 华南 MALL
（图片来源：
http ://njbbs.soufun.com/1810158310~7~780/69662431_69662431.htm）

2. 深圳华润中心万象城

建筑面积：18.8 万 m^2

建成时间：2004 年 12 月

资料来源：中国经济周刊 .2005，34；世界建筑导报 .2005，2：182-185.

华润中心项目占地约 8 万 m^2，总建筑面积约 55 万 m^2，是深圳最为重要的综合设施之一，分为一期（华润大厦和万象城）和二期（包括五星级酒店、商务写字楼、酒店式住宅、大型户外购物）建设。万象城是华润中心的购物及娱乐中心，建筑面积达 18.8 万 m^2，是深圳最大的购物及娱乐中心。它整合了百货公司、国际品牌旗舰店、时尚精品店、美食广场、奥运标准室内溜冰场、大型动感游乐天地、多厅电影院等元素，为深圳居民及游客提供了一站式购物、休闲、餐饮、娱乐服务。华润中心万象城拥有 6 层商用楼面，近 300 个大小不一、功能不同的独立店铺，集零售、餐饮、娱乐、休闲、文化、康体等诸多元素于一身。

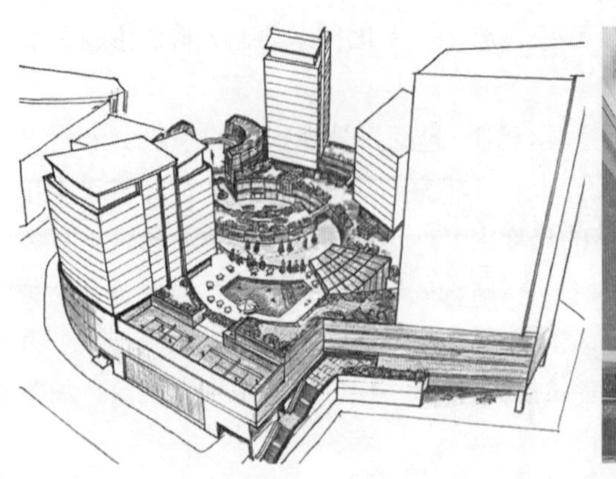

图 4–12 深圳万象城
（左侧图片由陈冀峻摄；右侧图片来自：世界建筑导报 .2005，2：185）

万象城有效地将国际先进商业设计理念与中国国内适当的商业格局相结合，其室内设计力图通过复杂的内部功能组合达到合理的空间安排，从而创造一种全新的商业娱乐模式——在室内设计中充分追求与户外自然环境的相互流通，模糊了室内外的界限。在内部各功能分区之间的转换方面，通过连廊和景园式穿插达到空间的自然过渡。室内设计的另一大特色是风格清新雅致，摒弃了商业建筑室内常用的过于热烈的装修风格，细部装饰简洁洗练，使人能够静心享受购物的过程。

4.3.2 专业商店的室内设计

专业商店多为经营商品相对比较单一的品牌连锁类商店，这种类型的商业建筑的室内设计主要考虑所售商品的特性、品牌的文化内涵以及购买者的心理和行为差异等，具有展示和销售的双层经营功能。

1. 南海国际内衣城

设计人：姜辉（集美组）

建筑面积：4000 多 m^2

建成时间：2001 年 10 月

资料来源：室内设计与装修 .2002，10：88-93.

南海国际内衣城位于南海盐布——我国最大的内衣时装生产基地。作为新兴的事物，该内衣城无论是概念还是规模或气势，都是空前的。

南海国际内衣城一期建筑面积 4000 多平方米，由时装表演大厅、霓裳西餐厅、内衣品牌展销大厅和内衣时装设计中心组成，是集时装演示、信息发布、潮流设计、品牌销售和时尚餐饮为一体的内衣文化中心。

整个国际内衣城的一期工程是在原有仓储建筑的框架基础上，由全新设计的钢架玻璃结构连接围合而成的，建立了以钢架、玻璃和布组成的时尚材质主题。整个展销大厅以白色为主，吊画、装饰画、布以及内衣成了色彩的点缀。由吊画来体现女性内衣的时尚，由布来体现女性内衣的柔和，由装饰画来体现女性内衣的妩媚，各个展厅的内衣星星点点，点缀在这个白色的星空中。这个展销大厅不仅仅展示着各式各样的商品，而且有效地促进了交易，并且还展示着来自西方时装界的前卫的着装意识形态。

图 4–13 南海国际内衣城内衣秀场
（室内设计与装修 .2002，10）

表演大厅和霓裳西餐厅位于同一个空间，

既是表演大厅，又是西餐厅。整个空间由纯白与深紫色组成，并成为了演绎色彩的主题。T 型台部分以白色为主，柱子与台、椅以白色和深紫色相间，形成了梦幻无穷的意境。聚焦、多点、多变的灯光形成了神秘主题。在餐厅部分，特别注意灯光效果，尤其是吧台的右面，三幅色彩鲜明的装饰画在灯光的照射下变幻莫测。“竹”统率园林主题，以抽象人体壁画吊饰组成装饰主题。T 型台后面及餐厅周围都种上了竹子，透过玻璃可以看到竹林。周边的装饰挂画都是以人体为主，甚至于餐厅入口两边的玻璃框架里都塞满了内衣，突出内衣的主题。餐厅部分的顶部也以一块块的装饰画斜挂于顶棚上。

“城”作为一种空间，是个汇聚、繁忙、时尚的概念，具有摩登与现代的大时代性格与特征。内衣，除了满足生活以外，更多地成为了现代人，特别是现代女性追求品位、追求时尚、追求本性、追求魅力的最贴身的事物。南海国际内衣城，从各种角度刺激着人们的思想与意识。

2. 登宇专卖店（中国陶瓷城店）

设计人：温少安

建成时间：2006 年

资料来源：室内设计与装修 .2006，11：22-25.

登宇专卖店是专门销售淋浴房的，其定位明确单一，整个空间中也只用了三种材料：亚克力板、玻璃、砖。当然，在这个专卖店中最引人瞩目的当属挂在顶棚上的千万条长短不一的线，这些线构成了富有冲击力的画面，它可以被看作是企业的标识，但长短不一的线也很自然地让人联想到水的波纹。在玻璃地面下，用电风扇轻轻地吹动流沙，营造出流水的感觉，使得在整个空间中没有用一滴水，但水的气息却无处不在。

图 4-14　登宇专卖店
（图片来源：
室内设计与装修 .2006，11：22-25）

图 4–15 JNJ 马赛克展厅
（图片来源：
室内设计与装修 .2006，11：34-39）

3. JNJ 马赛克展厅

设计人：谢智明

建成时间：2006 年 02 月

建筑面积：300m^2

资料来源：室内设计与装修. 2006，11：34-39.

整个的展厅将马赛克的运用从平面转向立体化，延伸了马赛克的使用范围，并融入了中国传统的元素。入口的立面处运用了截叠的手法，通过不锈钢和马赛克两种不同材料有规则地错落，既为展厅的主题作了铺垫，也暗示了马赛克运用的新的可能性。进入展厅，空气中弥漫着的全是马赛克的气息，除了楼梯以外，所有的墙面、立面，甚至地面上都是马赛克。立体化的展示方式一改传统的展板方式的呆板，让人们可以从多种角度、多种层次来感受马赛克的魅力。在整个展厅中，最吸引眼球的当属将岩洞意向化延伸而形成的异形的树根墙，其上活灵活现的树都是用马赛克镶嵌而成的，既很感性地把马赛克的展示立体化了，也强调了马赛克作为传统镶嵌艺术的特性。

将马赛克与中国传统的元素结合，最明显地体现在洽谈区九龙壁上，龙的形象经过马赛克的渲染更加栩栩如生，马赛克与中国文化不相融的说法便也不攻自破了。

不管是立体化地展示马赛克，还是证明马赛克是可以和中国文化相融的，都是为了让马赛克从单一的装饰性层面上解放出来，不再简简单单地只被作为一种普通建筑材料，从而启示人们探索马赛克应用的多种可能性。

4. 广东省古镇华艺灯饰集团公司总部

设计人：盛恩养

建成时间：2005 年 03 月

建筑面积：260m^2

资料来源：室内设计与装修. 2006，11：62-66.

灯具是室内设计中一个重要元素，也是营造室内空间氛围的关键因子。灯具的造型、色彩、质地极大地丰富了各类室内空间，也因其在室内空间中

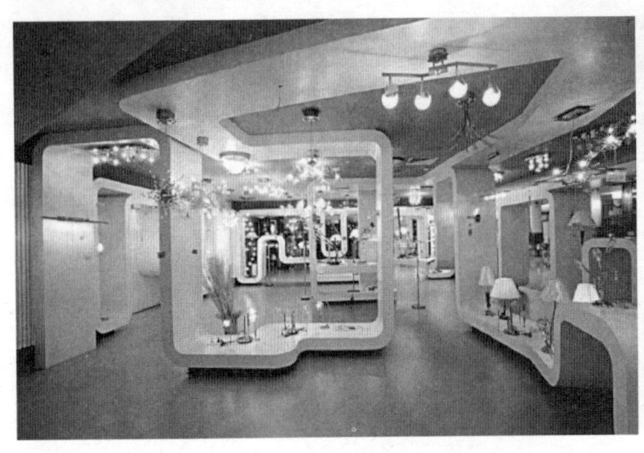

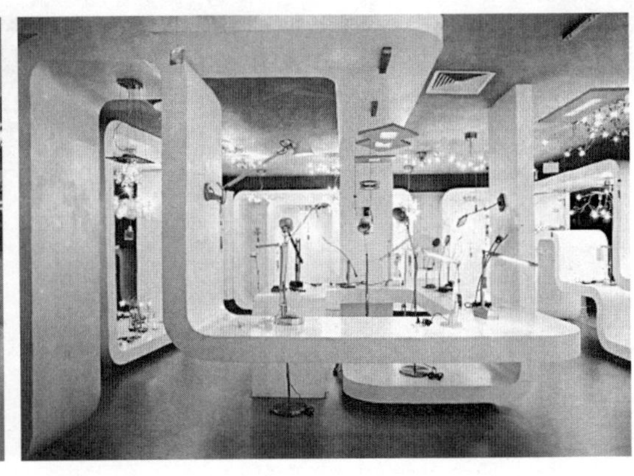

图 4–16 广东省古镇华艺灯饰集团公司总部
（图片来源：
室内设计与装修 .2006，11：62-66）

所处的位置和数量不同而使环境产生了不同的感觉。这正是中山华艺灯具展示中心所要表达的内容。

在中山华艺灯具展示中心，借鉴园林艺术的空间规划手法，通过蜿蜒的路线设置，利用流线型的“窗廊”，创造了步移景异的空间趣味，展示出了灯具的窗间风情。各种类型的展示窗格的设置，巧妙地将“窗廊”划分成两处、三处或多处空间。“窗廊”与“窗廊”之间则构成了回廊式的游走空间。多变的“窗廊”又是展示灯具的空间，各种灯具悬挂其上，晶莹剔透。

“窗廊”的各个分隔空间与所悬挂的灯具都是经过精心挑选，并模拟现实家庭空间、家具与灯具的空间关系而搭配起来的。这种模拟性的仿真搭配使空间与灯具的关系极为融洽自然，使参观者与展示灯具之间的交流成为可能。参观者可以选择自己的方式去浏览和参与展示活动，可以充分发挥自身的想象力来判断灯具对于自身的适合性。

5. 圣象集团华中旗舰店／武汉爱家设计研究中心

设计人：张晓莹、范斌

建成时间：2005 年 06 月

建筑面积：1800m^2

资料来源：室内设计与装修 .2006，03：35-37.

圣象集团华中旗舰店——武汉爱家店位于武汉市展览中心后门，是集展览、销售、各种交流于一体的综合室内空间形式。主要功能空间有：A 区圣象品牌展示中心，分康树实木地板区、圣象强化地板区和德国马宝墙纸区以及精品展馆；B 区爱家设计中心，为设计师提供了一个可以进行学术交流和学习的公益性活动场所，包括沙龙会议中心、设计师临时写字间、自由交流区、休闲水吧、VIP 接待室以及设计书吧。

展示区，整个设计抓住了产品的性格特征，与当地文化结合形成了浓重的地域色彩，同时也把各种材料材质的特性表达得淋漓尽致，突出了产品企业文化。在沙龙会议中心，木地板产品在整个空间中的使用诠释了产品性格和亲和力，并把符号主义接入了部分本土历史文化。展品与公益空间绝对分流。

4.3.3　餐饮娱乐空间的室内设计

“民以食为天”，饮食是人类生存需要解决的首要问题。但在社会多元化渗透的今天，饮食的内容已更加丰富，人们对就餐内容的选择包含着对就餐环境的选择，人们就餐的过程也是一种享受，一种体验，一种交流，所有这些都体现在餐饮空间的整体环境设计中。因此，营造适合人们心理变化的就餐环境，是餐饮空间室内设计的关键，也成为了一种必不可少的作业。

1. 寒舍酒楼

设计人：孟凯、曾官粟

建成时间：2004 年 9 月

建筑面积：3000m^2

资料来源：室内设计与装修 .2006，03：24-28.

“寒舍”位于比邻杜甫草堂的浣花溪公园内，原建筑是一个四川民居风格的园林景观建筑。此房原名为“观鹭轩”，顾名思义，也就是鹭鸟栖息之所，随时可见成群的白鹭起落于此。

“寒舍”酒楼定位此地后，更引起了社会的关注，有电视台将其誉为“引领成都地区餐饮之新潮的排头兵”，成都地区的室内设计师们也专门在此召开了一次观摩学习交流会，对它给予了充分的肯定。“寒舍”将中西餐、吧饮、餐饮相融。装饰风格上，尊重了原建筑的环境，运用古建筑暴露的坡屋面、木梁、木椽、墙、栏与钢架，简练之中透显着严谨的细节，同时又用时尚的现代语言作了补充。在色彩和照明设计上，大胆运用黑色、灰色和局部光源，创造了富有艺术品位的餐饮空间。

“寒舍”除了本身就是一个艺术品外，还在内部装饰了很多的物具和饰品配搭点缀，俨然是一个活生生的博物馆。另外，冷与暖的对比，虚与实的搭配，动与静的转换，粗与细的互衬等无不体现出“寒舍”的艺术品位。室内设计的诸多矛盾因素取得了统一与协调，在是与不是之间求得了一个崭新的空间艺术效果，充分揭示了室内设计中“学”与“创”的辩证统一哲学原理。

2. 深圳“唇”酒吧

设计人：琚宾、张海军

建成时间：2007 年 12 月

建筑面积：230m^2

资料来源：室内设计与装修 .2008，03：30-35.

酒吧“唇”的设计构想完全来自于设计师的主观与随性。“唇”位于一个大型商场的一层，在深圳市中心的繁华地段，周围均是充斥着世界名牌的大型购物中心。“唇”吧则反其道而行之，以“静吧”定位。满眼各种形状的白色，已经为这个空间定下了基本的调子。纯净的白代表的是安静，无论

图 4–17 深圳“唇”酒吧
（图片来源：
http：//www.zhongguosyzs.com/news/10852048.html）

之前的心情如何，当你一踏入这里，心就会随即静下来，为这个空间的氛围所吸引。

“唇”吧空间挑高 7.5m，设置两层既互相区别又密切联系的空间。一层是散座区，中心吧台的设计似动似无，让人无法知晓下一秒它将变幻出何等景象，而镂空的花墙则让室内与室外有了对比与交流。二层有三个包厢，其中两个位于出挑的圆台中，弧形的长洞是包厢与外界最直接的联系，极具现代主义的意味。

“唇”吧采用 LED 做了极为夸张和非凡的灯光设计，在白色的大背景下，暧昧的红、忧郁的蓝、温暖的黄、宁静的绿，色彩肆意而纯粹地变幻。随着音乐的韵律，光的变化让这个空间具有了多种可能性。

有一千个读者就有一千个哈姆雷特，设计师为人们提供了一个可以体验的平台，让不同心境的人来到这里都能找到慰藉或者宣泄的方式。在这里，静是抽象的，是一种心灵的状态，一种涌动着巨大能量的可怕力量，它的包容性极大无穷。

4.4 其他公共建筑的室内设计

4.4.1 办公建筑室内设计

德国设计机构奎克波纳小组在 20 世纪 60 年代提出了“景观式办公空间”的新型办公空间形态，这种办公形态主要强调办公人员的平等性、空间的流通性以及办公空间的丰富性，这样，办公人员才有激情，工作才有效率。到了

20 世纪 70 年代单元式办公的出现以及 1973 年赫尔曼·赫茨贝格设计的家庭式"细胞单元"办公空间，既强调空间的流通性又强调办公主体的独立性，是新型办公的重要探索。

在近二三十年中，办公空间不断出现各式各样的新形式，更加综合化、智能化和人性化。尤其是近十年中，以人为本的个性化办公空间室内设计案例层出不穷，就以"安全重要"设计思想的银行办公来说，它们的人性化设计也日趋凸显，并逐渐走向开放化，不再像原来笼子似地把自己与客户分开。绿色设计和生态设计的办公空间也层出不穷，办公空间设计的高效能、高品位、高文化、低消耗的思想，既体现了办公空间的特点，也促进了人与环境的共生，人与自然的和谐发展。

1. 成都国家软件产业基地

设计人：卿枫、郑斌

建成时间：2004 年 10 月

建筑面积：3995m^2

资料来源：室内设计与装修 .2006，03：30-34.

成都高新区"国家软件产业基地"的室内设计是由 4 层楼的单元式办公建筑改造而成的。

改造后，空间形式上的协调与风格上的协调使得整个软件中心彰显出高科技的气息，外墙的材料为塑铝板和玻璃幕墙，与原有建筑外墙材料保持一致，对原有建筑空间及环境影响很小。从视觉引导上突出新建大厅的主入口，从入口到电梯厅这条中线将大厅分为两部分，左边为小型布展区域和一个加建的钢结构楼梯，使二层高的大厅有了竖向的联系，既丰富了空间又在电梯不能满足使用时能直接将客人们引到二层展厅和开放实验室，右边为咖啡、休息区域，梭形顶棚丰富而有层次。

二层将电梯厅、展厅和开放实验室的入口结合起来处理。电梯厅正好是两个功能区的连接处，和谐处理了接待、展示的前厅与开放实验室通道的关系，使空间流畅。1~4 层走道的做法一致：蓝色的光、纵向的不锈钢回管和

图 4-18 成都国家软件产业基地
（图片来源：http：//news.chengdu.cn/topic/life/content/2009-12/31/content_184047.htm？node=1840）

银灰色的铝板弧形造型，形成“时空隧道”的空间，神秘而充满科技感。展厅的设计运用简洁的几何立体构成关系营造空间，使用灯光和材质突出了展示的气氛和内容。中心展区的顶棚上运用镜面不锈钢做吊顶，开阔了空间。用建筑的语言处理室内的细部，简洁、有力，光纤灯的使用让室内充满科技感和神秘感，正切合“软件园”这一主题。

2. 建设银行佛山分行财富管理中心

设计人：杨天劲

建成时间：2006 年 8 月

建筑面积：1100m^2

资料来源：室内设计与装修 .2006，11（26）：26-29.

银行的内部空间设计，有别于其他的功能空间，本身具有非常明确的功能要求和目的指向。与此同时，其投资规模、空间的造型设计、主导色彩乃至安全保卫等，都必须接受银行既定设计总则的制约。建行以蓝色主调为企业形象专色，因此，佛山分行财富管理中心选用浓郁、稳重、华贵的红木色彩，通过中间色系的过渡及灯光的控制，巧妙地与蓝色并置。

建设银行佛山分行财富管理中心在空间的造型和材料的运用上，有意识地提供了一种诱导性的服务体验，选材比较单一，但对制作加工的工艺要求很高，包括家具的选择和饰品的配置，都在有限的条件下最大限度地体现了各种物品的高品质因素和内敛的特征。

人性化服务往往体现于细微之处，设计中的客用座椅的舒适度超过了主人办公椅。涉及钱币交易的操作区域，个人私隐空间通过一些半通透式的木栅界面虚拟出来。

设计中去专业化因素为设计要素，通过“蛋灯之墙”这一艺术形式表达出“将蛋分放于不同的篮子”这一理财原则，并且“蛋的曲面”这一母题也在设计中以不同的形式再现。

图 4-19 建设银行佛山分行财富管理中心
（图片来源：
室内设计与装修 .2006，11：26-29）

3. 蒙地卡罗财富中心

设计人：梁宇曦、李萤

建成时间：2006 年 9 月

建筑面积：1200m^2

资料来源：室内设计与装修 .2006，11：30-33.

蒙地卡罗财富中心，是蒙地卡罗陶瓷品牌的总部和产品展场。蒙地卡罗陶瓷是高端产品，由材料、灯光，现代的新技术、新工艺所营造出的视觉效果将其“现代奢华”的主题表达得淋漓尽致。

在空间设计上采用情景空间的手法，让观者融入到设定场景的情感中，随着空间的流动与展示的产品发生情感的互动。从入口登上逐渐增高、似于 T 台的通道，进入瓷片展区。巨大的门框上，以银色的闪亮烤漆写就的蒙地卡罗 (Mocolor) LOGO 如钻石般闪耀。顶棚通长的镂空雕花造型，为大厅增加了非凡的气势。顶部金色的灯光，照射在镂花之上，奢华之感顿显，使人不禁诧异陶瓷产品同样可以营造出高档豪华的氛围。

产品展示区内均以深色的背景，例如黑色的烤漆玻璃等来作为浅色陶瓷产品的衬托。空间划分为若干样板间，展示不同类型的产品。展示通常以工程实例为引导，为观者提供了更清楚明确的解释说明。部分展台的设置引用珠宝柜台的展示场景，为产品营造尊贵之感。

最主要的产品展区是由展板围合而成的长圆形空间，这是一个重要的情景空间，展示的是花片瓷砖。中央带有喷泉的长形水池是营造情感空间的关键性因素。潺潺的水声成为空间中的背景音乐，让观者犹如置身于卫浴空间之中。顶上悬垂而下的多盏小型水晶灯，反射出无数小小的灯影，为瓷片展品增添了光影感。黄底红色竖纹的背景正对展区的入口，具有强烈的视觉冲击力。

图 4–20　蒙地卡罗财富中心（图片来源：室内设计与装修 .2006，11：30-33）

图 4–21　深圳招商海运中心（图片来源：http：//news.cnmd.net/news/5891.aspx）

4. 深圳招商海运中心

设计人：刘红蕾、李晓红

建成时间：2007 年 11 月

建筑面积：56500 m^2

资料来源：室内设计与装修 .2008，03：76-81.

深圳招商海运中心是一个复杂的多功能空间，包括国检报关大厅、国检办公、海关报关大厅、海关休息大厅等功能空间。大堂是个狭长的 4 层高的空间。平面是一个矩形，空间中有几条连桥贯穿。利用层高的优势，在吊顶做了很多盒体，平面采用矩阵的布置方式，但在高低、色彩上富有变化，形成了一个丰富的表皮肌理。两侧高耸的墙面，也同样利用错位的条纹，组织成了一个丰富的集装箱表皮。

报关大厅的顶部用条状彩色铝板形成了平面化的图案。在组织色彩的时候，米色、白色、棕色为办公室空间注入了温暖的情绪。主塔楼的大堂为两层高空间，把中间的核心筒部分利用表皮化的方块语言雕塑出形体，顶部采用了“黄金分割”，做了一个不同大小白色方块的构成变化。

五颜六色的集装箱，像跳跃的音符，强烈地刺激着每一个人的视觉神经。在这里，集装箱成了舞台的主角。整个建筑通过这种最直接的表皮化的方式把它的使用属性表达得淋漓尽致。

4.4.2　文化博览建筑的室内设计

文化空间中文化性的彰显是设计的主要使命。从历史、民族、地域中寻找文化的亮点，融入到文化建筑的设计之中，使文化与文化空间真正成为相辅相成的统一体。

1. 广州艺术博物院

设计人：莫伯治、莫京、莫旭、俞水根、董伟涛、钟伟祥

建成时间：2000年5月

建筑面积：$40430m^2$

资料来源：建筑学报.2001，11：4-7.

广州艺术博物院于2000年9月23日建成开放，是广州跨世纪的标志性建筑，位于白云山南麓的麓湖之畔。广州艺术博物院是中国第二代建筑大师莫伯治先生晚期的代表作品，也是他不同阶段的实践经验和理论思考的一次综合演绎，熔岭南地方风格、现代主义理念和表现主义手法于一炉的成功之作。

博物院整个建筑庭院采取非对称布局形式。其展示功能与管理功能、艺术空间与交通空间、主要空间与次要空间的安排与演绎，与通常采用中轴对称的博物馆有极大差异。

馆舍建筑形式既有传统岭南建筑的要素，也融入了当代建筑样式。博物院的建筑造型运用了岭南民居中的山墙形式及其变体。主馆正门引用广州关西大屋的大门和硬木雕花门扇，凝重而华贵。正面以高耸的圆柱形文塔（上面有近似丰字和羊字的图形）配合舒展简朴的柱廊，色彩红白相间，成为博物院的标志和独特的建筑形象。

岭南地区的传统文化也以建筑语言和形象在博物院的创作中得以反映。正立面一侧墙面在红砂石上重现了岭南地区新石器时代的巨幅岩画，原画在珠海高栏岛宝镜湾藏宝洞，画面尺寸为5.0m×2.9m。这是由雕塑艺术家根据原画重新创作的，具有强烈的装饰效果，显示了岭南文化的源远流长。门厅内立柱柱头以新石器时代香港东龙岛岩画上的鸟神形象为装饰，同样启示人们对几千年前岭南先民的捕鱼文化的理解与回想。门厅正中的大幅屏风采用岭南民间建筑常用的彩色玻璃和荷兰抽象派画家VanDurg（与Mondrian同时）的抽象图案。展馆内部的观众通道、休息厅、不同馆舍的连接转折处、专题馆的门道和标志，或其他细部装修装饰等，都运用了生动、新颖的建筑语言和片断。它们大大增加了建筑的文化内涵，既有传统风韵，又有时代气息。

图4-22 广州艺术博物院
（图片来源：
http：//www.93811.com/fj_show.asp？Id=1214，http：//www.designer-home.com.cn/blog/projectinfo.aspx？did=60&id=328）

从博物院视野深远的前庭广场到明朗宽敞的门厅到花神内庭到馆舍连廊和风格各异的各个展馆，组成了以开放、自然为主调的一个空间系列。

前庭广场所见，是一个舒展、深远的自然空间。门厅高敞明丽，上头是大面积的玻璃采光顶棚。从这里通向内庭，也可通向设于各层的专题展厅，具有明确的通行、导向功能。艺术家专题展室的面积及空间体量都比较宽松，具体的展出方式及安排由有关艺术家进行设计，有较大的灵活性。

中庭没有预先设定一个固定的平面形式。表现上看，是建筑包围、规定了中庭，实际上是用中庭来规定其四周的建筑，使它们之间取得融合与沟通。四周建筑的连廊、建筑连接体间的休息空间、从连廊进入中庭的开口以至展室空间，都与中庭空间相连、呼应，组成了一个自由的、多向度的空间系列。跃层式玻璃连廊有利于采光通风，空间效果也好。

室内空间、内墙表面和装修、家具等，形式创新，色彩斑斓，突出艺术作品的时代性和多样性，有更多的自由驰骋和精心创作的余地。它们以不同的形式、尺度、色彩、气氛，融入于博物院的整个空间序列中。

重视庭院环境的营造和使用，是中国建筑的优秀传统。岭南建筑自然也不例外。广州艺术博物院内庭——百花庭院以十二花神为主景，内容丰富，在形式上采取了更多的尝试与创造。

绿树青山的前景、百花齐放的庭院与展馆中的艺术品相呼应、相融合，表现了广州艺术博物院建筑不拘一格、活泼舒展的个性和建筑创作中岭南文化、现代主义理念和表现主义手法的兼容与沟通，使之成为了一个以人为中心、以艺术为中心的艺术家和普通市民可以共同参与,有着共同语言的新的艺术殿堂。

关于广州艺术博物院，也可以用梁思成先生评价北园酒家的两句话加以评说，一个是“地方风格”，一个是“建筑与园林环境融为一体”，只是，比起 40 多年前的小酒家来，大博物院已进入一个崭新的艺术境界，更为丰富，更加圆熟，而且更富文化内涵和时代气息。

2. 殷墟博物馆

设计人：崔愷、张男

建成时间：2005 年

建筑面积：3535m^2

资料来源：室内设计与装修 .2008，02：64-66.

整个殷墟博物馆建筑题量不大，并且建筑的地上空间相比之下更小，甚至让人想不到这就是一座建筑。然而，这座建筑的里里外外，下沉天井的一方云影、狭长舒缓的坡道里的一线天空和掠过浅浅的鱼池中的风，都变成了它的设计元素，以表达时间的久远、永不衰老的主题。

博物馆本身以一个小小的主题建筑的不动声色、深藏地下的姿态，以它的中正平和、方整对称的空间，还给遗址一个未加装裱的原貌。以尽量小的破坏，给历史的阅读者以尽量大的想象空间。

图 4–23 殷墟博物馆
（图片来源：http：//www.2008ly.com/jdph.php?id=3042&pagecount=1，室内设计与装修.2008，02）

3. 鹿野苑石刻博物馆

设计人：刘家琨、汪伦

建成时间：2001 年 7 月

建筑面积：900m^2

资料来源：室内设计与装修.2002，11：68-73.

该馆位于四川成都郫县新民镇云桥村府河河畔。“鹿野”，字面意义是“鹿跑的原野”，在佛教用语中意为释迦牟尼教义所及之地。

博物馆面积为 900m^2，采用展厅环绕中庭的平面布局。中庭 2 层高，利用建筑各个独立个体之间的间隙采光，而且朝向中庭的内墙都是按外墙处理的，因此中庭有一种室外空间的意味。通过间隙可以间断地看见河流，与风景交流。每个展区的采光基本都是自然光，只是方式不同，如缝隙光、大光

图 4–24 鹿野苑石刻博物馆
（图片来源：室内设计与装修.2002，11）

或是壁面反射光。

博物馆的藏品以石刻为主题，而建筑本身也表现了“人造石”的故事，清水混凝土则是“人造石”的主要内容。除此之外，还有许多对石材加工的表现，如手凿毛、冲刷露骨料等。采取了“框架结构、清水混凝土与页岩砖组合墙”这一特殊的混合工艺，组合墙的外层是钢筋混凝土，内层是砖，成为“软衬”，利于开槽、埋线、装配挂钩支架等。

整个主体部分的清水混凝土外壁采用凸凹窄条模板，形成粗犷而细小的分格肌理，增加外墙的质感和可读性。主体之外的局部墙段采用露卵石骨料的做法，局部下挖的坑洼部分露出薄土下的卵石沉积，由上而下，从直接到间接，表现场地地质与建造材料之间的关系。结构上采用空心现浇无梁楼盖，平整无梁的厅看起来大而顺畅。

4. 广州国际会议展览中心

设计人：陶郅、倪阳（日本佐藤综合计画、华南理工大学建筑设计研究院）

建成时间：2002 年 12 月

建筑面积：398000m^2

资料来源：建筑学报 .2003，7：42-46.

广州国际会议展览中心位于广州市东部的琶洲岛内，由中、日建筑师及工程技术人员合作设计完成。建筑设计紧扣“珠江来风”的主题，突出地表现了“飘”的建筑个性，是一座建筑艺术与建筑技术高度融合的设计，具有鲜明的时代特征。它的跌宕起伏、回转灵动的外观将一座近 40 万 m^2 的巨构处理得轻盈、飘逸，极具音乐美感，这正是建筑师的伟大之处。

会展中心的主要功能区域为人流集散区域、展览区域、管理服务区域、设

图 4-25　广州国际会议展览中心

备机房区域。展览区域是建筑的主要部分，又分为室内展区和室外展区部分。室内展区部分，以 30m 为模数单元，90m 为一个大展厅单元，展厅基本单元尺度为 90m × 126m。一期南侧布置了两层展厅，一共 10 个，北侧首层布置于角街两个 90m × 114m 的展厅以及一个 90m × 42m 的展厅，北侧展厅下面的架空层布置了三个尺寸相同的展厅。展位布置采用最小单元为 3m × 3m 的国际标准展位，展位还可以根据需要灵活布置。展厅的基本大单元分隔时充分考虑了展厅的人流路线和避难路线，主通道宽为 6m，次通道宽为 3~4m。

展厅的剖面高度的基本尺寸是按国际标准执行的，净高为 13m，首层层高设定为 16m，二层层高为 16~20m 不等，最低点高度为 8m（钢结构下弦张拉索的高度），每间隔 15m 有一条层高为 4.8~6.4m 的拉索架空层，净高为 3.5m，专为小商品的展览使用。90m 展厅单元之间设置了一条宽 6m 的空间间隔，8m 标高处为夹层通道，16m 以上为露天开敞空间，二层展厅与展厅之间，6m 间隔两侧为玻璃分隔，16m 标高以上设置了自动开启的排烟装置，自然光由顶部射入二层展厅，保证了二层展厅的基本自然采光。同时，新风换气、消防排烟都在这 6m 宽的开敞缝隙中解决，它名副其实地成为了整座建筑的呼吸系统。

为了聚集和分散人流，一期工程中，在 8m 标高处沿东西走向贯通布置了一条长 450m，宽 32m 的人流集散通道，被称为“珠江散步道”，在两个 90m 单元体系之间布置了电梯、扶梯及楼梯，形成了 4 个集中的竖向交通枢纽和与珠江散步道垂直的水平步行系统，因此，珠江散步道成为了整座建筑的人流、交通集散中心。它有足够的长度和宽度，可以确保全部展区同时开放使用时人流的通畅，其视线开敞、标识系统完备，使用者可以方便地确定自己所处的位置和希望到达的目的空间。在博览会、交易会、展览会召开期间，展览大厅除了可单独使用外，也可以多个大厅同时使用。

4.4.3 交通及地下建筑的室内设计

交通建筑室内的各种空间通常都是在一体化的设计基础上进一步分隔再造创的空间。除了一些特殊的功能用房采用全封闭式的模式外，大多数空间采用半封闭式的、虚拟的和自由式的空间形式，以便在空间流程的组织和安排上更加灵活方便。

1. 广州地铁站[①]

广州的地铁站发展迅速，在广州地铁 1 号线于 1998 年全线开通之后，广州地铁 2 号线、3 号线、4 号线、5 号线相继建成并投入使用，6 号线也正在建设之中。广州地铁站各站的室内环境设计极具鲜明的个性，凸显了富有魅力的创意：一派浓郁的南国气息，融合当地人文历史，拓宽现代化应用思路，树立

① 根据广东建筑装饰《从广州地下交通建筑空间看地铁站室内环境设计》，http：//www.xsnet.cn 及相关资料汇编。

图 4–26　广州地铁站

城市发展新标志。优秀的地铁站室内环境设计充分表现了地铁高科技简捷、明快的艺术效果。

地铁站的室内环境设计，在体现共性识别系统的前提下，根据所处不同地理位置、民间风俗，分别采用不同的艺术手法和装饰语言，结合不同的装饰材料、色彩、质感等，营造出各站不同的装饰个性。

在用色上，每一个线路的车站与所在线路的列车颜色既有区别又相互关联，并体现所在区域的地域特点，如 3 号线的“看色识站”，广州火车站东站是纯白色。火车站东站是广州的一个窗户，白色反映洁净、开明的城市形象。林和西站是橘红色，热烈的色彩反映城市商务区的活力、动感。体育西站是嫩绿色，体现运动、朝气，反映生机勃勃的意象。珠江新城是宝蓝色，结合城市新中心区的区域特点，体现高贵、优雅。赤岗塔站是浅啡色，强调旅游观光站的功能，体现浪漫与悠闲。客村站是绿色，针对周边的住宅区，营造“港湾”的温馨、宁静的氛围，体现环保、生态的概念等。各站都尽力反映不同地域的地理人文特点，各具特色，众彩纷呈。

在材料选用方面，车站地面的装饰材料要求防滑，耐久，耐酸碱腐蚀，强度高，吸水率小于 1.0%，故多采用花岗石、大理石、地面砖、水磨石等，站台候车室安全带全线一律采用米黄色的防滑地砖。墙面由于是重要的吸声部位，尽可能地采用吸声减噪的饰面材料：吸声防潮防火的轻钢 NFC 板，吸声喷涂喷塑，部分用大理石、墙面砖。柱面材料采用不锈钢、搪瓷钢板，花岗石、大理石，墙面砖、玻璃锦砖。顶面在结构锁板的底面上均先采用厚度大于 20mm 的深色吸声喷涂层，再吊顶棚。顶棚装饰面的材料吸声井孔率大于 15%的材料与形式有铝合金格栅，金属活动顶棚，铝合金嵌板，防潮吸声 NFC 板，风格材料，金属构架，吸声喷涂。公共区的各种公用构筑、围栏构件都采用明亮、通透、易洁的不锈钢、铝合金、钢化玻璃等材料。地铁站内设置了大量的标示清楚、明确的导向牌。

在通风空调系统方面，采用了先进的通风系统和温湿度调节系统。为避免噪声污染引起人的不适，还在噪声源风机、风亭风道、送风管等部位设置了消声器，使车站的噪声控制在国家有关标准范围内。总之，广州地铁站的室内环境设计在满足使用功能技术要求的同时，成功有效地创造了优良的生理、心理环境，并达到了高超的艺术效果。

2. 广州新白云国际机场航站楼

设计人：初步设计：美国 PARSONS & URS GREINER；航站楼施工图设计及室内设计：广东省建筑设计研究院

建成时间：2004 年 8 月

建筑面积：一期工程为 35.3 万 m^2

资料来源：南方建筑 .2005，01：59-61；建筑学报 .2004，9：34-39.

广州新白云国际机场位于广州市北部，是我国首个按国际枢纽机场标准进行规划设计的超大型枢纽机场，也是目前国内规模最大、功能最先进、现代化程度最高的国际机场，是全国三大枢纽机场之一。

新白云机场航站楼沿南北中轴线对称布局，南、北两个主楼居中，两侧分别为东、西连接楼及东、西各五条指廊。在南、北主楼与东、西连接楼之间，留出了宝贵的用地，兴建机场酒店、停车楼、航管大楼及塔台，充分利用了东、西跑道之间宽达 2200m 的区域，引入了商业功能，这种布局是非常独特的。

新机场整体建筑造型线条流畅，应用的都是国内最先进的高科技建筑材料，如可透光的张拉膜顶棚，三维曲面的金属屋面，向下倾斜的弧面点式玻璃幕墙，点式玻璃幕墙前有韵律地排列的钢结构人字形柱，极有节奏的张拉膜老虎窗等，呈现在人们面前的是具有高科技风格、形式简洁流畅、尺度宏伟的现代化大型国际航空港。

与之相适应，室内设计把建筑造型的形式与特点延续了下去，航站楼的室内设计考虑了航站楼的功能需要和空间特点，与建筑的整体设计风格非常协调。整个室内设计富有个性，采用了高科技的风格、简约的形式、大尺度的设计。

图 4-27 航站楼平面
（图片来源：
建筑学报 .2004，9：34-39）

图 4-28 航站楼中庭

具体的有：航站楼尺度巨大的中庭空间，室内的高科技、快速、高效、现代化，高大的棕榈树等共同营造了富有情趣的自然氛围，为旅客亲近自然提供了场所。追求航空建筑的个性，强调简约、轻盈、开放、通透、现代感的视觉及空间感受，渗透自然的趣味，成为了室内设计风格的合理选择。

新白云机场航站楼室内设计中涉及的装修材料繁多，涉及的技术标准亦是数不胜数。室内设计中特别注重通过材料色调的统一、材质的精心选择及不同材料的合理组合使由众多材料共同构成的空间具有较好的统一性。航站楼室内设计选择的材料倾向于较硬材质的材料，表面肌理倾向于光滑的质感，因此，钢材、不锈钢、铝板、花岗石、玻璃成为了主材。在旅客候机、休息、等待的区域，则有柔软舒适的真皮座椅、吸声的地毯，为旅客营造相对安静的气氛。这些不同材料之间既有对比，又易于调和，其材料特点与航站楼现代、高科技的特点也是相一致的。

室内设计中，冷灰色调是主要的色彩倾向。最终，灰白色、灰色、银灰色成为机场的主色调，分别是灰白色的铝板墙面及顶棚，灰色的兰宝花岗石地面，灰色的地毯，银灰色的办票岛墙面铝板。在新机场大尺度的室内空间中，地面、墙面、顶棚色调的一致性弱化了它们之间的对比，模糊了不同界面的空间界限，空间的视觉效果因此显得更加开阔。同时，局部有选择地使用比较鲜艳的色彩，以起到提亮整体空间的作用。公共空间中的标志系统、柜台、座椅等均选择了彩度较高的色调，使之不仅具有具体的使用功能，还可作为大空间的点缀，对活跃整体空间起到积极的作用。

照明设计是室内设计中的重要手段，不仅要满足照度需要的功能照明，还要参与塑造建筑空间、造型及渲染空间气氛的效果照明，是室内设计的主要造型手段之一。航站楼的照明设计手法是多样化的，在不同的空间采取了不同的照明形式。在出发大厅及到达大厅的大尺度空间中，整体空间的夜间基础照明

图 4-29 航站楼连接楼及室内标识牌

采用泛光照明方式，由设在隐蔽位置的灯射向钢结构顶棚及张拉膜顶棚的光线再反射回来发射光照亮的，然后在重点区域补充局部照明，通过点、线、面光源的结合，营造出令人感到舒适的光环境。在这种柔和的光环境下，整体空间层次特别清晰，空间视觉效果非常开阔，同时，没有刺眼的眩光。在这里，良好的照明设计提升了空间的整体效果。

新白云机场室内设计的成功，很重要的原因是各个专业的合作，它也是室内设计较早地介入建筑工程的成功案例。航站管线综合设计就是由建筑师在各设备专业工程师和室内设计师的配合下完成的，既满足了室内设计对室内高度、空间及造型的各个界面所需管线的综合设计，同时也注意了合理地使用与节约设备空间的问题，为室内设计提供了最大限度的自由。

4.4.4 校园建设下的室内设计

随着教育事业的发展、国家投入的增加，从 20 世纪末开始的大学校园建设潮，到 21 世纪，进入了一个全新的局面。大学校园经历了一个建设高潮。大学校园的区域化、郊区化发展趋势已逐渐形成，高校建设的发展也进入了新阶段，尤其是近年来海外爱国人士的捐赠更是为高校的建设带来了机遇，加上有关部门对捐赠项目的重视和严格管理，又进一步提高了建筑的质量，这一段时间，高等学校校园内出现了一批好作品。

1. 郑州大学新校区理科系群

设计人：陶郅、陈子坚、郭嘉、方敏华、王迎

建成时间：2002 年 9 月

建筑面积：76622m^2

资料来源：建筑学报 .2004，02：28-32.

图 4-30　郑州大学新校区理科系群
（图片来源：建筑学报 .2004，02：28-32）

郑州大学新校区位于郑州市经济技术开发区，是校园建设郊区化的一个很好的典型。理科系群是郑州大学新校区首期的主要建筑，是新校园建设的开始，是包括生物、数学力学、物理、材料、化工、环保这 6 个理工科的综合系馆。

6 个系馆相对独立，都有独立的出入口与门厅，同时，每个系馆都通过一系列的连廊、庭院以及中心广场的共享大厅联系起来，形成一个整体的联系紧密的理科系群。位于 6 个系馆中央的共享大厅以及平台广场既是理科系群中多样性空间的集中体现，也是对传统系馆建筑单一功能的突破。共享大厅内设有供学生活动的网吧、展厅、书店、茶室等，为各个系的师生提供一个具有实质功能内涵的交流空间。

理科系群在空间设计中获得了许多非凡的视觉效果和特殊的空间体验。透明的玻璃盒、鲜艳的锥体、沿着圆锥螺旋上升的楼梯、古朴的木架亭、笔直的楼梯间、通透的连廊……每个节点都恰如其分地起着点睛的作用，空间在不断的点缀中得到转折和延伸，使功能单一的教学建筑不再枯燥乏味。

理科系群本身还具有明显的时代特征。建筑的造型稳重大方，细部丰富，以统一的细部元素、材料和尺度达到协调，建筑群整体统一而不失变化。以仿黏土砖的劈离砖作为外墙的主要材料，表达了对周围环境以及传统的呼应，同时，大量运用的槽钢、玻璃砖、穿孔钢板等现代材料展现着时代的气息，这种传统与现代材料的对比产生了慑人的力度，比单纯地使用传统材料更能表达人们对历史的理解和继承。

2. 华南师范大学南海学院

设计人：何镜堂、郭卫宏、吴中平等。

建成时间：2001 年 9 月

建筑面积：14.5 万 m^2

资料来源：建筑学报 .2002，4：4-7.

华南师范大学南海学院坐落于广东省南海市狮山信息产业园内，总用地面

积约为 $27hm^2$，总建筑面积为 14.5 万 m^2，其中包括教学楼、图书馆、信息中心、行政中心和宿舍等十几个分项。

图 4–31 华南师范大学南海学院
（图片来源：建筑学报 .2002，04：4-7）

南海学院位于黄洞迳水库的北岸，南、北有两座原生的山丘，作为校园的生态绿核，形成了校园的主体结构。校园建筑分为教学中心区、生活区、体育运动区和会议接待区，四组相对完整的区域应地形的变化而形成了各自独特的空间特色，彼此间联系便捷而又有所隔离。建筑采用具有围合感、层次丰富的开敞空间，把人的活动从室内延伸到室外。开敞空间要成为真正的形体，必须具有“图形”的性质，这一点可以用构成连续边界的面来达到。这就要求建筑有一定密度，而且具有某种同一性，如高度、尺度和空间要素，同时，建筑之间相互呼应，共同围合、限定开敞空间。例如在教学中心区，各建筑的高度基本控制在 16m 左右，并以坡屋顶形式作为公共元素；各建筑面向主广场一侧，统一在首层形成“骑楼”空间，彼此相连；建筑外墙取齐，形成连续的界面，强调形成阴角空间，增强开敞空间的围合感。用于交通的空间廊道的宽度被扩大至 3m 左右，是建筑内部的驻留空间，也是师生们最直接、最便捷的交往场所。

院落式的布局和富有特色的建筑造型营造了南海学院浓郁的书院气息。层层递进、尺度宜人的院落式空间，把外部的喧嚣和嘈杂挡在了院落之外，它为师生的学习和思考提供了悠远、宁静的氛围，营造出了富有岭南书院气息的高素质大学校园。

3. 华南理工大学逸夫人文馆

设计人：倪阳、何镜堂

建成时间：2003 年 11 月

建筑面积：$4600m^2$

资料来源：建筑学报 .2004，05：46-51.

逸夫人文馆位于校园总体规划的南北中轴线上，又处于东、西湖校园生态走廊的中心节点位置，两套系统的叠合衍生出人文馆的总体有机布局形式。

逸夫人文馆按其功能分成三个部分：展厅、阅览室和报告厅，分别布置在场地的东、南、北三个方位，并通过开敞式的连廊连接在一起。为了突出建筑平面的理性特质，洗手间、钟塔等辅助空间与主要使用空间适当分离，使三大功能空间各成体系。这一布局形式，既延续了原址上教工俱乐部的院落空间，又很好地解决了各个功能区的采光通风问题，表现出了通透明快的

图 4-32　华南理工大学逸夫人文馆
（图片来源：建筑学报 .2004，05：46-51）

岭南建筑的地域特点。

理性设计与地域性设计同时体现在针对岭南地区的气候特色的研究中。除了以庭院、连廊等开敞式的空间组织通风外，在建筑材料、构造上也采取了相应的措施，如与岭南建筑物理研究室合作，在屋顶上设置可调式遮阳百叶，通过变换百叶板的角度，实现对遮阳的有效控制，利用柱廊与脱开的墙体来阻挡太阳光的直射，采用低辐射玻璃及浅色柱石降低辐射热。这些措施都在一定程度上提高了建筑的环境适应性并达到了节能的效果。

“少一些、空一些、透一些、低一些”的设计思想在建筑中得以实现，并体现出了这一特殊场所中人、自然与建筑的共生。在曲线与直线之间，在实体与透明体之间，在东、西侧不同的景观张力之间，人文馆以其独特的方式表达出了对校园文化的认知，营造出了具岭南建筑特质的人文空间。

4.5　新世纪的住宅室内设计

随着住房体制改革的迅猛发展，住宅建设迎来了姹紫嫣红的春天。2001 年，我国居民家庭装饰装修消费额已高达 3600 亿元，家装消费已成为新的市场热点。按照原建设部制定的规划，“十五”期间全国要兴建住宅 57 亿 m^2。截至 2002 年底，我国居民储蓄存款余额已达到 8.7 万亿元，这些都给家庭装饰的发展带来了巨大的空间。同时，我国城镇居民家庭的装饰消费模式正由生活质量型替代温饱型，所以家庭装饰在今后一段时间内仍会持续火爆。

根据当前国家的宏观经济政策，住宅投入将持续增长，新建住宅装修增多，大批旧房也要重新装修。近年来，在农村，家庭装饰也开始兴起。家装已成为我国建筑装饰行业的重要组成部分，拥有近 50% 的装饰市场份额，不仅成为了我国建筑装饰业的新的增长点，而且已成为了国民经济的新的经济增长点，为扩大内需、刺激消费、增加就业，发挥着越来越重要的作用。在家装市场不断扩大的形势下，建筑装饰企业纷纷树立新思路，建立新模式，采取新举措，不断地进行制度创新、管理创新和科技创新，为我国百姓安居乐业做出了巨大的贡献。

进入21世纪，我国的商品住宅进入了一个新的换代期，这是中国住宅建设快速发展的一个必然阶段。

首先，国力的增加，人们生活水平的不断提高，使得对住宅的量的需求逐步转向质的需求，追求质量好、品质高的住宅的大趋势已经形成。由于住房贷款政策的出台，能购房的人愈来愈多，预示着中、高档购房者的数量将大增，这两部分消费者是换代住宅的主要消费对象，中国的旧有住宅已过早地进入淘汰期。据日本对战后住宅的调查，平均寿命为64年，以中、日两国住宅的材质推算，我国的住宅平均寿命应为75年，那么，150年间，应建两次住宅。然而，由于经济的不发达和住宅的一次性投资过低，使住宅的寿命下降，使其过早地进入了淘汰期。我国的旧有住宅的实际平均寿命估计约为50年，这样，在这150年间，我国要盖三次住宅，消耗的物资、财力非常巨大。其次，住宅的科技成果向住宅实体转化的速度明显加快，住宅领域的科技推广和创新成为住宅换代的基础，生态环保和可持续发展推动了住宅建筑在更高层面上的发展。中国城市化的加剧，使得小城镇的住宅建设在21世纪将完成跨越式的发展。人们的购买欲望的理性增长——购房保值，对换代的新型住宅起到了催生作用。

"商品住宅装修一次到位"是指房屋交钥匙前，所有功能空间的墙面全部铺装或粉刷完成，厨房和卫生间的基本设施全部安装完成。取消毛坯房，可减少个人房屋装修中的种种弊端，如"马路施工队"的违规操作、建筑材料以次充好，可避免二次装修造成的破坏结构、浪费和扰民现象等。这一政策的实施，将很大程度地刺激家装市场的规范化管理，并引入了"产业化"的家庭装修模式。

如今，家庭装饰业已成为我国室内设计行业的一个重要分支，其产业化的发展方向也促使家庭装饰业能持续地发展下去。

4.5.1 住房制度改革继续进行

住房政策的"多样性"决定了住宅小区的开发定位及服务对象的多层面性。我国住宅小区的大规模的成片开发开始于20世纪90年代初期，在此期间的开发定位基本上是面对单一的服务对象，例如安居工程是面对低收入家庭，经济适用房是面对中低收入家庭，国家小康住宅示范工程是面对中高收入家庭，还有面对更高收入家庭的高档商品房等。近年来国外倡导的"混合社区"理念值得我们思考、借鉴。目前，我国在小区开发中也出现了将公寓式住宅、联排式住宅、独立式住宅集中在一个小区的做法，目的就是集中人气，提高综合的配套设施和物业管理的档次，实际上也是针对了不同收入、不同层面的购房者。这样一来，就形成了混合社区。我国的住房政策也是在这种形势之下不断地丰富完善。

经济适用房[①]是我国在实行城市住房体制改革的过程中，为应对新的社会经济形势，由政府推出的适合中低收入家庭承受能力、具有社会保障性质的特殊的商品房类型。早在 1991 年 6 月，国务院在《关于继续积极稳妥地进行城镇住房制度改革的通知》中即提出：大力发展经济适用的商品房，优先解决无房户和住房困难户的住房问题。为解决中低收入家庭的住房困难问题和启动市场消费，经济适用房于 1998 年应运而生。

到了 21 世纪，经济适用房作为保障性用房的政策继续进行。中央经济工作会议在 2010 年主要工作任务中指出，继续加大住房的保障的建设力度，着力保障和改善民生，“加强廉租住房等保障性住房的建设，支持棚户区改造”。然而，这种原本体现政府关怀、企图让利于民的新生事物，在具体政策措施推出及实施过程中，却暴露出较多的问题。

“国家康居示范工程”[②]——创造换代住宅的样板。

1999 年 4 月原建设部实施的“国家康居示范工程”集中体现了住宅现代化的发展方向，展示了当代住宅产业中的科学技术成果，要求把先进适用的成套技术加以集成，应用于示范工程中，以加速对传统住宅产业的更新改造。在“国家康居示范工程建设技术要点”中提出了“7 个转向”，反映出了产业化的内涵。

（1）住宅科研应转向系统的创新研究和开发。

（2）住宅技术应转向成套技术的优化、集成、推广和应用。

（3）住宅技术应转向标准化设计，系列化开发，集约化生产，商品化配套供应。

（4）住宅建造应转向工业化生产，装配化施工。

（5）住宅综合质量（设计、施工、管理等）应转向规范化的系统控制管理。

（6）住宅性能转向指标化的科学认定。

（7）住宅物业管理应转向智能化的信息管理系统。

“国家康居示范工程”要求率先实施对商品住宅的性能认定制度。显然，“国家康居示范工程”不同于安居工程、小区试点工程和小康型示范工程，它是依托产业化的平台建造的换代住宅，是最有实际内容、最具竞争力的。目前，已建成或正在建设中的 20 多个示范区，已在当地产生广泛的影响，广大购房者真正感受到了示范的魅力及价值所在，展示了新形势下对小区规划和住宅建设提出的新要求，并很好地诠释了康居示范工程对新的设计思想和设计方法的探索。

4.5.2 政策引导下的住宅精装修

随着我国经济体制的改革，国家在不同的阶段出台了相应的交房标准，依据这一标准，我国住宅室内装修的发展大致可分为三个阶段：

---

① 根据中华人民共和国住房和城乡建设部文件编辑。

② 同上

第一阶段是福利房福利装修时期。从新中国成立以来直到90年代初期，室内装修的标准是入住即可使用，土建和装修均由工建施工单位来完成。

第二阶段是商品房毛坯房时期。房改推动了住宅的商品化，福利分房政策一直延续到1998年底，一段时间内形成了住宅市场内商品房和福利房共存的双轨制。经济的高速增长带来了收入水平的提高，有关的装修标准已不能满足市场实际消费的需求。从90年代中期开始，毛坯房开始渐渐成为住房市场的主流。

第三阶段即全装修时期的到来。在毛坯房充斥市场的同时，一批中外合资开发商开始建造全装修住宅商品房，并且珠江三角洲等经济发达地区住宅市场已逐渐成熟，全装修房所占比例也由此逐年上升，反映了市场对全装修房的逐渐认可。

与毛坯房相比，全装修房具有工期短、质量高、利于管理、便于按揭等诸多优势，具有深刻的社会意义，结束了装修市场的无序状态，使装修受到监督和管理，避免了因为随意破坏结构和管道系统所造成的安全隐患，也因此避免了新建商品住宅实际交付使用后长期的噪声污染和装修垃圾污染，既环保又节约，符合可持续发展的原则。

于是，2002年5月，原建设部住宅产业化促进中心正式推出了《商品住宅装修一次到位实施细则》（以下简称《细则》），提供了解决长期以来困扰住宅产业的装修问题的途径。

《细则》中对商品住宅装修一次到位进行了界定，指出商品住宅为新建的城镇商品住宅中的集合式住宅，不包括别墅和二手房。装修一次到位是指房屋在交钥匙前，所有的功能空间的固定面全部铺装或粉刷完成，厨房和卫生间的基本设备全部安装完成，简称全装修房。

《细则》中第一次明确了住宅是一个完整的产品，开发单位是新建商品住宅装修质量的第一责任人，承担装修工程质量责任，并负责相应的售后服务。其中还规定了建筑装饰施工单位、装修材料和部品生产厂家共同负担相应的责任，执行相关的保修期。

《细则》中规定新建商品住宅装修的质量首先应表现在样板间上，样板间要真实地反映房屋的装修档次和装修施工质量。交付给购房者的装修质量，不应低于样板间的质量水平。作为装修质量的衡量标准，样板间在购房者入住之前不应该拆除。

装修一次到位是一个系统化的工程，具有鲜明的产业化特征，可以促进住宅设计的标准化，促进部品批量化供应及集约化生产方式的实现，是住宅产业化发展的必由之路。全装修房的产品供应方式将直接影响到人们的生活，将从大城市到中、小城市，从沿海经济发达地区向中西部地区逐步扩展，形成不可逆转的趋势。

为推进住宅的全装修，大力发展成品住宅，建立科学的住房建设模式和消费模式，2009年6月26日，住房与城乡建设部住宅产业化促进中心在北京召开了以“推进住宅全装修，大力发展成品住宅”为主题的研讨会。①在当前房地产业大发展的形势下，推广住宅全装修，促进住宅产业化发展，具有更加特殊的意义。

广州保利花园②是较早被城建部列入“国家康居示范工程”实施计划的住宅小区之一，广州保利花园严格执行了国家康居示范工程的建设标准，所有商品住宅全部实行了一次性装修到位。广州保利花园一次性装修到位的具体特点有：

（1）全面到位的室内装修。对住宅建筑的内部和外部进行全面的装修，这样，住宅就可以以完整的成品进入市场。消费者可以在购买后立即入住。

（2）结合广州当地的地理、气候、人文特点进行室内设计与装修。

（3）深入的细部设计。依照日常家居的活动线路、户型特点和家具布置，对室内装修进行了更加深入细致的研究和设计。

（4）装修标准适度超前。针对保利花园目标客户的消费特点和消费趋势，保利花园确定了住宅装修标准总体上的适度超前的原则，使得广州保利花园的住宅能在相当一段时间里不落后于市场的需求。

（5）面向不同层次的消费者。广州保利花园一次性装修分为标准、舒适、豪华三个档次，每个档次有几种装饰款式供灵活选择，使进入市场的产品具有多层次和多样性，以满足各个层次的消费者的需求。

商品住宅一次性装修到位的优点是有目共睹的，广州保利花园实施一次性装修到位，算过一笔账，具体如表 4-1 所示（以建筑面积 85m^2 计）。

住户二次装修与保利花园标准装修经济比较（元）　　**表 4–1**

项目	单个住户 二次装修成本	开发商一次性装修到位 成本	差额
1. 装修设计费	8000	40	7960
2. 拆除工程	3500	0	3500
3. 厨房设备	12000	7400	4600
4. 卫生洁具	6000	2000	3000
5. 墙面顶棚等粉饰	8000	6000	2000
6. 地面墙面等材料	15000	10000	5000
7 房门及部分木柜	8000	6500	2500
8 水电安装及灯饰	8000	6000	2000
9. 装修施工费	20000	8000	12000
合计	87500	49540	41560

① 中华人民共和国住房和城乡建设部新闻中心 .

② 建筑学报 .2001，7：33-35.

一套 85m^2 的住宅，购房者自己按保利花园标准进行装修，需要 8.75 万元，每平方米装修成本 1000 多元，而由保利花园进行的住宅一次性装修到位，成本只需 4.7 万元，保利花园的购房者可从中得到 4 万元的实惠，并且可以减少由二次装修所带来的“公害”，如破坏房屋结构、浪费资源、污染环境、管理难度大等问题，同时购房者也饱受奔波劳累之苦，而把商品住宅装修到位，则方便了房地产开发商合理安排各工序，减少浪费，减轻了购房者的经济和精神负担。从土建施工、装修设计、材料选用到装修施工，环环相扣，采取了连贯、规范的管理和统一验收，既节省了工期，也节约了材料，省去了二次装修需拆除的土建工程。此外，由土建和装修的专业人士进行设计，可以保证建筑主体结构的安全性。同时，土建和装修合理交叉作业，既节省了运输成本又节省了人工成本，不仅提高了施工效率，而且也保证了工程的质量。

广州“山水庭苑”①也是较早被城建部列入“国家康居示范工程”实施计划的住宅小区之一。山水庭苑严格根据住宅性能指标 AAA 级标准进行了住宅一次性装修，它的主要特点有如下几个方面：

（1）根据户型面积大小配置户式变频中央空调，各功能区间安装独立的调节风口，另外，配置户式中央热水炉管，供应热水到厨房和各个浴室，主机则安装在较隐蔽的工作阳台，不但有效解决了室内的供热制冷，而且在减少室内废气、节约能源、保证外立面效果方面也起到了重要的作用。

（2）对各种户型的橱柜进行模数化设计和工厂化生产，主、客卫浴均采用科勒节水系列洁具，配以国内名牌的优等贴面砖和防滑地砖，金属扣板顶棚及排气系统，通风采光良好。

（3）提供抛光地砖、柚木地板、地毯等可选择项目，让买家认购、选定材料后再行铺设，使设计更具有针对性。

（4）住宅智能化设施是住宅性能的重要标志之一。山水庭苑设立局域网与城区宽带网络联通，信息、电信、有线电视三线合并到户，每户安装新加坡产 8XE 家居智能化集成系统，综合布线到各个信息点和控制点，实现智能小区 3 星级标准，并留有较大的扩展空间。

4.5.3 会所、售楼处及样板房的室内设计

住宅的一次性装修到位，是国家康居示范工程与商品住宅性能认定的重要组成部分，也是减少城市碳排放的一个重要环节。住宅实行一次性装修到位、建立样板房，给室内设计师提供了又一个设计展示舞台，而与此相关联的同属于住宅产业链上的售楼处、社区会所设计，更是给了设计师各种大胆尝试的机会，推进了我国的住宅产业化进程，对我国室内设计行业的发展起到了很大的推动作用。

---

① 建筑学报 .2001，7：36-37.

图 4-33 深圳名津商业型公寓“厨师”样板房（图片来源：室内设计与装修.2008，03：70-75）

图 4-34 深圳名津商业型公寓“摄影师”样板房（图片来源：室内设计与装修.2008，03：70-75）

1. 深圳名津商业型公寓样板房

设计人：龙慧棋、罗灵杰

建成时间：2007 年 9 月 11 日

建筑面积：“厨师”47m^2，“摄影师”70m^2

资料来源：室内设计与装修.2008，03：70-75.

名津商业型公寓位于深圳和香港交界处，为各行各业的在深圳工作的香港人安置一个家提供了便利。公寓的这两个样板房把不同的职业特性所需求的空间特点发挥得淋漓尽致，也给这类公寓设计指明了一个新方向。

第一个样板房的空间主题是“厨师”，设计师特意突出西式厨房的浪漫情怀，在客厅、饭厅位置营造出简洁又华丽的感觉，弧形的墙身连顶棚配以镜面的胶板，令狭长的客饭厅变得宽敞。

设计师再一次打破传统，在主人房中，放弃规规矩矩地排放家具，取而代之的是以一个圆筒贯通了主人房及浴室，统一了整个房间，再以不同物料做墙身去区别它们的用途。在床的位置上用了扪布，既简单又舒适；而浴室则用陶瓷锦砖铺砌墙身及地台，实用之余亦彰显出一份贵丽。浴室两端也选用了黄色玻璃，让圆筒变得更为通透。

另一个样板房的职业主题是摄影师，整间房子以黑、白两色为主色。客厅主墙身贴上菱形的格子墙纸，黑、白条纹的搭配营造出阴影效果，跟摄影师的职业非常相称。但焦点所在，相信非客、饭厅的两盏天花吊灯莫属。全黄色的内灯罩为接近全黑白色的客、饭厅带来点缀，灯罩内环的图案为多个著名建筑物，格调高雅，凸显品位。

主人房同样以黑、白为主，衣柜设计新颖，以镜和不同宽度的黑色木条作为其外形，令衣柜变得轻盈的同时，亦为身处于有限空间的它增添了一种通透感。

2. 广州万科城市花园二期会所

设计人：区伟勤、李贵林、夏嘉蔚

建成时间：2005 年 6 月

建筑面积：1000m^2

资料来源：室内设计与装修 .2006，11：67-69.

广州万科城市花园二期会所项目位于广州市黄浦区"城市花园"住宅区里，作为社区的配套设施，它是这一区域的一个公共交流场所。会所以自然清新的特点呼应城市花园的主题，以"花"为主要元素，贯穿于整个空间之中。

会所功能空间划分为办公区域与休闲区域，两种功能空间完美地融入到整个会所中，利用独特处理的装饰走廊穿插其中。把暖色调系列和元素提炼后，引用到会所大堂设计中，使大堂成为主导中心，向左、右两边延伸空间的主体性区域。以简洁、亲切、细致的手法构筑造型。入口两旁对称摆放着的鲜花展示台，与造型巨大的吊灯作呼应，简单而突出。

瑜伽室是纯女性化的空间，手绘在墙上的花卉图案、茶镜与木地板的搭配显得恬静而富有活力，墙身镜使室内空间无限延伸。乒乓球室则选择简练的横向线条，以装饰镜与木线相间为主要造型，柔和的环境光烘托米黄色的墙身。

图 4-35 广州万科城市花园二期会所（图片来源：室内设计与装修 .2006，11：67-69）

3. 太禾水晶城生活艺术馆

设计人：张灿

建成时间：2005 年 11 月

建筑面积：3600m^2

资料来源：室内设计与装修 .2006，03：38-43.

这是一个建于 20 世纪 80 年代的旧楼的改建项目。从建筑的外形到建筑的室内空间，都用独特的设计语言进行了巧妙的修饰，从功能应用上也体现了可持续发展的理念。前期作售楼中心用，在整个小区交付以后将作为会所（生活艺术馆）使用。

打破了人们对传统意义上的售楼中心和会所空间印象的固定模式。通过空间的分离与聚合，让其使用空间随着功能需求进行变换。也通过这种分聚的手法，打破了房子在传统意义上的盒子的概念，唤起人们视觉的自我创造欲望，带给人们的是变换的空间感受。人们的视觉在不断地高低变换的情况中去感受空间，用人们上与下的原始行为，去领略日常所不能见到的超乎想象的空间变换和光与物的交替，真正地进入一个能让你思维飞翔的立体的空间。

设计用最简单的体与块，引领人们去真正感受空间所带来的魔力，而不是去注重造型的丰富和材料的高档次。在这个喧闹嘈杂的社会形态里，用简洁的形体线条，让其得到明净的空间体验。

4. 成都万科房产公司售楼中心

设计人：林伟而（Matthew Ng）

建成时间：2007 年 10 月

建筑面积：7943m^2

资料来源：室内设计与装修 .2008，06：102-106.

由林伟而设计完成的成都万科房产公司售楼中心，体现了中国传统文化及古典设计元素在现代设计中的永恒魅力。

售楼中心的建筑外观和室内设计都是以中国传统的剪纸艺术为装饰母题的，建筑的外观被一张红色的大水泥框架剪纸包裹，覆盖在玻璃幕墙之外，阳光通过水泥纤维剪纸的缝隙照进室内，形成丰富的光影变化，对室内空间也起到了一定的遮蔽作用。

剪纸装饰母题在室内被重复地运用于顶棚及屏风隔断上。相对于建筑外观的钢筋混凝土和玻璃幕墙，室内的隔断则大量运用木材。随着室内空间的流转，木质隔断位置灵活而有富有变化，形成既分割又连通的半封闭半开敞的空间，置身其中，仿佛游走于巨大的剪纸艺术之中。除此以外，室内设计中，中国古典设计元素随处可见，带着覆盆状柱础的巨柱，古香古色的吊灯，墙角优雅挺立的君子兰，几座上的装饰小品等，不管是喜庆

图 4-36 成都万科房产公司售楼中心
（图片来源：
室内设计与装修 .2008，06）

的中国红，还是深沉的古铜木，处处体现中国的传统意蕴。无论是建筑的外观还是其室内设计，处处干净利落，简洁理性，单一的装饰主题反复运用却又和谐自然。

林伟而运用了中国传统建筑庭院式的空间组织形式，并且庭院四周采用了四合院式的抄手游廊，使室内外空间互相渗透融合，构筑了中国式的诗情画意，体现了中国文化追求人、建筑、自然相互间的和谐相融，即所谓的“天人合一”。设计只有以传统文化作为依托，才能显示其独有的魅力和旺盛的生命力。

5. 洛阳建业美茵湖 T 彩样板房

设计人：王政强、赵永茂

建成时间：2008.06

建筑面积：110m^2

资料来源：室内设计与装修 .2008，10：42-45.

“T 彩”，意为彩色时代，体现年轻人的活力与激情，展现年轻人的时尚生活。通过色彩与空间的关系，塑造出一个极具魅力的生活状态。当然，房间并没有因此而出现混乱的感觉，这也是设计师运用色彩、把握色彩的能力所在。

房间内入口处用彩色玻璃做一酒柜，既从功能上划分了入口和餐厅的区域性，也给人以视觉冲击，使空间更加通透灵动，充满趣味性。厨房、卫生间局

图 4–37　洛阳建业美茵湖 T 彩样板房
（图片来源：室内设计与装修 .2008，10）

部墙面点缀玻璃锦砖，与彩色玻璃相呼应，使空间明亮剔透。这样的彩色玻璃的使用打破了原有结构的呆板与沉闷，使得房间的面积在感观上扩大了，整个空间展现出了一种轻快的氛围。

颜色是主题，为了控制色彩在空间里的节奏，设计师以暖色系配合形进行组织和排列。电视背景墙的曲线状彩条是整个空间的视觉中心点，又选择了地毯这一软材质，毛茸茸的质感与彩色玻璃的光洁质感形成了一种和谐对比，营造出强烈的视觉效果，给人一种亲切的感觉。

4.5.4　住宅设计新发展

21 世纪是将可持续发展战略从提出走向实施的阶段，可持续发展的绿色住宅建设成为了 21 世纪发展的一个新的焦点。在 20 世纪末，绿色建筑（Green Buildings）就在西方国家兴起，进而成立了国际性组织，制定了有关绿色生态建筑的指标体系，开展了不少活动。近年来，在我国的住宅建设中也十分关注这一个领域的问题，建设绿色生态型住宅小区不仅是当前开发商和购房者共同关注的热点问题，更重要的是，它适应了今后经济和社会发展的要求，也符合 21 世纪全球人类共同追求的目标。

根据 2005 年以来历年检查的结果，大家可以看到我国发展绿色建筑的历程：2005 年，建筑节能和绿色建筑在设计阶段的执行率为 53%，施工阶段只有 21%，也就是说，当时大部分的新建建筑都不是节能建筑和绿色建筑；2006 年，设计阶段和施工阶段执行率均大幅上升，但施工环节还有一半左右没有执行；2007 年起，施工单位逐渐重视起来，到 2008 年，施工阶段执行率已达 82%。从 21% 到 82%，表明我国绿色建筑和建筑节能事业实现了一个巨大的飞跃。[①]

① 仇保兴 . 从绿色建筑到低碳生态城 . 城市发展研究 .2009，7：1-11.

然而，一部电影《2012》的热播，又引起了人们的热议与担心。气候变化带来的恶劣影响已为人们警觉。哥本哈根世界气候大会又将大家的问题推上了顶峰。我们究竟要怎样来维护我们的地球，维护我们的家园？“低碳生活”，又被推上历史舞台。推行“低碳生活”，“小行动改变大气候”成为了21世纪的“时髦”话题。

低碳概念[①]是在应对全球气候变化、提倡减少人类生产生活活动中的温室气体排放的背景下提出的。英国在其2003年《能源白皮书》中首次正式提出“低碳经济”的概念。国内学者也针对低碳城市和低碳经济提出了各自的见解，例如强调“低碳生产”和“低碳消费”，以“低碳经济”为发展模式，以“低碳生活”为理念和行为特征，构建“低碳城市”等。减少温室气体排放、改变理念和生活方式、以低的能源消耗获得最大产出等已经成为对低碳发展的共识。

这种共识促进了我国住宅产业企业的结构调整或重组，通过机制创新降低了能源消耗，增强了企业的竞争力。但是，目前我国毕竟是处在快速城市化时期，面对正在增长的大量城市人口，我们如何能在目前有限的资源条件下满足其需求且为其提供可持续发展的住宅，同时又做到资源的集约化，降低碳排放？走产业化道路是解决这一问题的最好的措施。产业化带来的是先进的生产工艺，讲究效率和成本，同时以质量在市场上取胜。具体而言，产业化的体现就是集成住宅。

集成住宅[②]的定义：它以工业化生产方式集成了住宅生产的三大体系，根据市场的需求，提供多样性和个性化的住宅，而且能够形成产业链的大规模定制的生产模式。住宅生产的三大体系分别是住宅结构体系、住宅部品体系、住宅设备体系，这三个体系是集成度很高的集成住宅子系统，它们有各自的技术标准体系、工艺要求等，但在体系接口上互有协调。

未来集成住宅的主要特征有：结构体系整体化、轻型化、小型化（住宅结构体系）；空间节约、划分灵活（住宅部品体系）；设备高度集成化（住宅设备体系）；整体产业链高度集成化（产业集成）。大规模定制的生产方式可应用于各个行业，住宅建设也不例外。在住宅生产领域应用和推广大规模定制很有实际意义，它将给住宅市场带来一场新的革命。

我国的集成住宅尚在起步阶段，还没有形成一定的规模和气候，也没有形成一个完整性的产业链，还需要进一步地支持和推动发展。目前，国内集成住宅产业发展主要有：海尔集团的“家居集成”系统；上海现代房地产公司的MB体系住宅；远大集团的集成住宅品；北新建材集团的薄板钢骨住宅体系。另外，北京“世纪宅”长期集中展示国内外住宅的顶级科技产品，将智能、环保、节能和安全等国际先进科技引入到我国的住宅产业发展中，推

① 仇保兴．从绿色建筑到低碳生态城．城市发展研究.2009，7：1-11.

② 刘名瑞．我国集成住宅技术发展前景初探．建筑学报.2004，4：73-75.

动了中国住宅产业的国际化步伐，为国外优秀企业进入中国市场搭建了理想的平台。

房地产开发过程中，专业集成商的出现使房地产开发走向了分块集成。如果工厂化住宅的制造商大量出现，住宅开发将产生革命性的变化，再加上住宅室内设计的一次性装修政策的贯彻与实施，将促进我国住宅产业的可持续发展，为城市减排问题的解决作出巨大的贡献。

4.6 旧建筑改造与室内设计

4.6.1 旧建筑的整旧如旧与室内改造设计

历史街区是伴随着城市的发展历程、城市文化的变迁而保存至今的活的见证，它是体现城市传统特色，乃至地域文化特色的最直接、最有效的样本。对于历史街区的保护，应顺应其自身特色规律，保护其整体性，坚持文化与经济、历史与现代相协调的原则，实施多元化的保护模式。旧建筑的改造当属历史街区改造的主要部分。旧建筑改造也是当前城市中的重要问题之一，这个过程中，对于历史建筑的改造有很多疑问，对于有保留价值的建筑，我们究竟是采取博物馆式的保护还是赋予其新的功能、新的生命力而继续使用下去？对于这一问题，许多的经典案例给出了几种发展思路。

1. 保持历史风貌，内部功能置换

对具有很高商业开发价值的保护历史街区，有历史保护要求或具有极高历史保护价值，能够代表城市某个时期的典型建筑，应重点加以保护。可以对居民实施全部外迁，建筑内部功能置换，对建筑物修缮、保护，改造成现代与历史有机相融的商业娱乐休闲场所。广州沙面历史街区旧建筑的改造就属于这一种，这样可以成功地保留与展现老建筑的历史文化与美学特征。

2. 保护历史风貌，使用方式更新

对于一般的具有典型历史风貌或城市环境的街区的旧建筑，可以进行功能上的改造以适应现代的生活。由于当初设计的建筑平面不成套或不适宜居住，对其改造时应更新街区的居住使用功能，重视与街区价值相称的建筑品质，新建筑在保持街区传统肌理的同时力求体现时代特点。如昆明创库改造成工作室，不但保护了这些老建筑，还凸显了这些建筑特有的艺术价值和历史价值，旧仓库变成了充满艺术气息的艺术社区。

3. 延续历史风貌，完善居住功能

对于有代表性的历史居住街区，可以实施居民部分外迁，降低居住密度，提高街区环境，实现街区从单一功能到复合功能的发展。

4. 街区风貌延续，重塑社区结构

对于历史保护街区附近有一定历史风貌协调要求的居住街区，街区建筑布局较为完整，建筑外观有一定风格，可以通过重塑社区的方式在满足现代生活的基础上保持历史环境的连续性。在这种街区中，新和旧的关系极为重要。

广州市沙面历史街区旧建筑的保护与改造 ①：

沙面是 1861 年专为租界修建的人工岛，偏居广州旧城西南一隅，是广州市最早按照西方近代城市规划理论建设起来的社区，本身有清晰的边界、完整的格局，建筑质量较好，并且大部分近代建筑保存了下来，因此可以长期利用。如今，它已成为人们了解那个时期西方文明的一个窗口，有相当的文化和文物价值。

作为西方文化在广州这个古老城市的一块飞地，沙面的建设是中西文化交流在那个特定时期的特殊方式。沙面岛上有 150 多座欧洲风格建筑，其中有 42 座特色突出的新巴洛克式、仿哥特式、券廊式、新古典式及中西合璧风格建筑，是广州最具异国情调的欧洲建筑群。沙面大街 2 号至 6 号的楼房，俗称红楼，原是海关洋员华员俱乐部，高三层，红砖砌筑，南面和北面建有尖顶阁楼，仿 19 世纪英国浪漫主义建筑风格；沙面大街 54 号的建筑，原是汇丰银行，仿西方古典复兴建筑风格，高四层，二层的外墙砌有通柱到三层顶，在西南面楼顶建有穹隆顶的亭子；沙面大街 48 号的楼房，是最具代表性的券廊式建筑，高三层，钢筋混凝土结构，四周的走廊均为券拱形，外墙刷水洗米石；沙面大街 14 号的露德天主教圣母堂，规模虽小，结构简单，但在其入口处仿哥特式的构造仍然存在。

对沙面地区的历史建筑进行保护与改造，还应首先从改善本区的环境入手，完善本地区的市政设施，提升本地区的环境品质，以期吸引非政府投资用于本地区建筑保护。

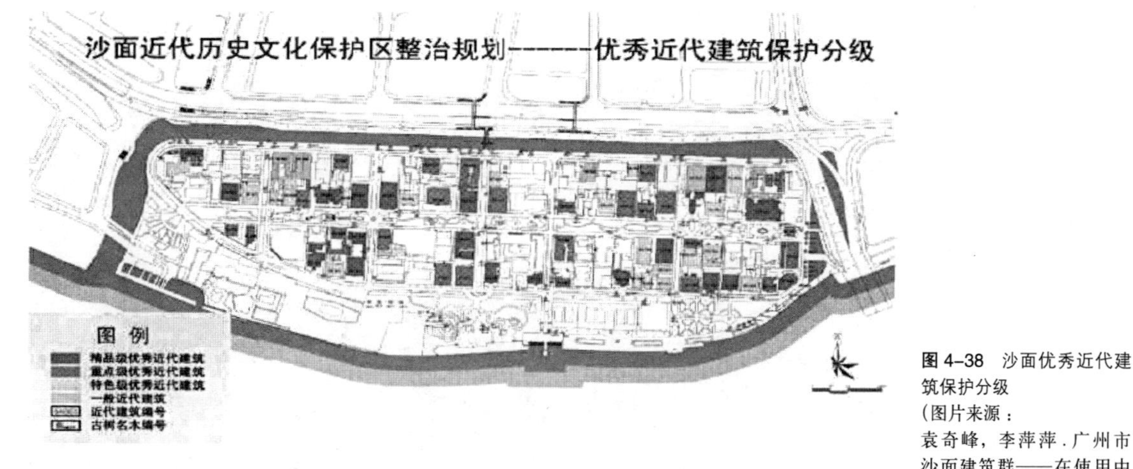

图 4-38　沙面优秀近代建筑保护分级
（图片来源：
袁奇峰，李萍萍．广州市沙面建筑群——在使用中保护．城市规划汇刊．2003，01：46）

① 建筑学报 .2001，06：57-60；城市规划汇刊 .2003，01：46.

图 4-39 沙面历史街区的旧建筑改造

对沙面现存建筑群体进行的整体保护可以分为三类：第一类：不得改变建筑原有的外部装饰、结构体系、平面布局和内部装修。第二类：不得改变建筑原有的外部装饰、基本平面布局和特别有特色的内部装修，建筑内部其他部分允许根据使用需要作适当的变动。第三类：不得改变建筑主要立面原有的外部装饰，在原有结构安全性差、有危险的情况下，允许建筑内部根据使用需要作适当的变动。

沙面是按西方人的生活方式建设的社区，目前还有教堂和许多国家的领事馆都设在这里。对于沙面历史建筑的改造，首先是要恢复历史建筑的历史功能，以传统的涉外商务功能带动整个沙面的建设改造。这是旧建筑改造的一个典型案例。

中国的近现代历史的特殊性使中国产生了很多的租界，由此产生的历史遗留问题也很多。武汉的历史街区范围很大，“鸦片战争”后，中英《天津条约》的签订，使汉口开埠，外国列强纷纷涌入，在 246km^2 区域内（北抵京汉大道，南

图 4-40 武汉市美术馆的旧建筑改造
（图片来源：宋洁. 历史建筑的功能再生：武汉市美术馆方案设计. 建筑创作.2006，05：111）

图 4-41 好百年饭店的旧建筑改造
(http：//wuhan.519dian.com/hotel2305/hotelpic/)

至江边，西起江汉路，东至一元路的范围）划分了英、俄、法、德、日、美等国的租界，建立了 12 个外国领事馆，设立了近 30 家外资银行和金融机构，使汉口呈现出一派带有殖民色彩的畸形的繁荣景象。因此，到了现在，武汉历史街区旧建筑改造[①]的项目也很多，成功案例也很多，比较典型的有武汉市美术馆的改造、武汉好百年饭店的改造等。

4.6.2 LOFT 模式：产业建筑改造的一种探索

LOFT——在英汉词典中译作阁楼、顶层楼，原指工厂或仓库的上部楼层。《简明不列颠百科全书》对 LOFT 的解释是："房屋中的上部空间或工、商业建筑内无隔断的较大空间。"LOFT 最初是为工业使用而建造的，逐渐演绎为由废弃厂房改造成的灵活可变的将工作、生活融为一体的艺术家工作室等大型空间，其内涵已经远远超出了这个词汇的最初含义。

1. 昆明创库[②]

LOFT 在昆明的出现要追溯到 2001 年创库的诞生，创库艺术主题社区位于昆明市中心西坝路 101 号原昆明市机模厂空置的旧厂房。2000 年，艺术家叶永青、唐志冈、刘建华等在此安营扎寨，建立工作室，把它改造成了一个艺术社区。在随后不到一年的时间内，创库形成了有近 40 位艺术家工作室、4 家画廊、1 家书店、1 家羽毛球运动馆及若干酒吧、餐饮的综合社区。这是中国第一家 LOFT（艺术家创作仓库式工作基地）。正是有了云南艺术家们在"创库"模式上

图 4-42 昆明创库空间
(图片来源：http：//www.ysppj.com/news-nr11.asp？anclassid=29&nclassid=182&id=6928)

① 建筑创作 .2006，05：111.

② 本文地址：www.hi.baidu.com/

图4-43 坦克仓库艺术中心（图片来源：http：//hi.baidu.com/%CB%BD%CF%ED%BB%E1/-blog/item/2cc27bc627938-fd7d10060ac.html）

所做的开创性努力，后来，北京的798、上海的莫干山以及深圳、南京、重庆、成都等地类似昆明创库这样的LOFT工作基地才相继建立。[①]

走进创库，首先映入眼帘的是一堵20多米的破旧红砖墙，叙述着这座老工厂曾经的历史辉煌，而今这里成了粘贴昆明艺术活动招贴的公告栏，左边有一幢三角形4层建筑——创库99号，曾经聚集了众多艺术家在这里开辟工作室，以后又变成了几家设计公司。创库内成立最早的一家老别墅中餐厅是一幢二层的红色中式建筑，老别墅的右边是几幢青灰色老楼，一楼依次分布着诺地卡画廊吧、上河车间、九章画廊、井品画廊等艺术空间，二楼、三楼则是艺术家们的工作室。

兼具展览、休闲、餐饮功能的昆明艺术创库成了世人瞩目的，体现昆明艺术家先锋性的标志。

2. 重庆艺术基地——坦克仓库艺术中心[②]

重庆“坦克仓库艺术中心”，位于重庆南部九龙坡区，与四川美术学院毗邻。这里过去是存放坦克的地方，面积有6000多平方米，吸引了很多的国内外艺术家进驻和创作，也开放供普通人参观，买画，和艺术家们交流。一个有远见的决定，不只让旧建筑重生，也让重庆多了一个人文景点。

坦克仓库艺术中心有工作室40多间，其中15间提供给青年艺术家，5间提供给国外艺术家，还有一栋专门给艺术家居住的宿舍楼。中心还有一个800多平方米的空间，是综合艺术的展示场所，包括表演艺术、行为艺术等。另外，还专门开辟了一个地方给媒体艺术，以展示实验性电影、实验性影像作品等。

3. 深圳PAL俱乐部

设计人：梁景华

建成时间：2007年1月

建筑面积：550m^2

资料来源：室内设计与装修.2008，04：34-37.

PAL俱乐部位于深圳蛇口，由一个具有30年历史的旧工厂精心改造而成。

① 来源：昆明日报（2009年07月14日）。

② http：//hi.baidu.com/%CB%BD%CF%ED%BB%E1/blog/item/2cc27bc627938fd7d10060ac.html

图 4–44 深圳 PAL 俱乐部
（图片来源：
室内设计与装修.2008,
04：34-37）

改造后，变成了一个兼具艺术展廊、听众席、会议室、设计工作室、休闲区及室外聚会区等多种功能的艺术空间。

整个空间的金属材料透出的冷酷与木材营造的暖意相互碰撞，达到了和谐的交融。这是一个加起来只有 550m^2，挑高 8m 的 Loft 空间，其中却设置了 4 个通向二层的楼梯，包括两个对称的旋转楼梯和两个直上直下的楼梯，这样的设计让空间具有了多种可能性。整个空间中最显眼的莫过于那个形状怪异的小房子了，其外部覆锡金属层，被设置在整个空间的中心，看起来像一个大型装置，里面是一个小型的多媒体室，供播放影片或者举行论坛等小型聚会活动时使用。会议室和办公室在二层，只占据整个空间不到 1/3 的面积。

LOFT 为艺术家提供了特定的艺术创作空间，在改造利用设计的实践中突出地呈现了前卫化、个性化趋势，为艺术文化发展带来了勃勃生机。曾经衰败的城市中心工业区得到了复苏。在不远的将来，有可能 LOFT 形式会在社会效益、文化艺术发展及地产经济诸方面呈现多赢的局面。

第5章　总结——当代中国室内设计的发展规律

1978年12月召开了中共十一届三中全会，改革开放的时代从此拉开序幕。1980年，中央决定在深圳、珠海、汕头、厦门设置经济特区。1984年5月，中央决定开放14个沿海港口城市。1984年底，中共十二届三中全会明确了建设公有制基础上有计划的商品经济的方针，这代表了党对社会主义经济中"商品"问题的重新认识，改变了计划经济和商品经济相对立的观念，不过，经济体制中的意识形态的问题仍然是讨论和争论的焦点。1992年，当时的中国领导人邓小平在意识形态领域针对长期争论并开始干扰经济发展的一系列问题作了创造性的突破，以"解放生产力，发展生产力"界定了社会主义的本质。继而，中共十四大明确提出了建设有中国特色的社会主义市场经济的改革方针，至此，中国的经济体制改革在政策上完成了从计划向市场的根本转变。在政策的引导下，中国的社会经济格局发生了很大的变化：经济运行模式从以指令性计划为主向以市场信号为主转变，所有制从单一的公有制向以公有制为主体的多种经济成分并存的结构发展，投资渠道从单一的国家财政拨款转向财政、金融、自筹、利用外资等多元化的渠道。随后，2000年的西部大开发战略，2002年的东北老工业基地振兴计划，2004年的中部崛起战略，一系列全方位的改革深入了祖国大地的各个角落。30年中，中国的国民经济年均增长率接近10%，从1979年到2008年，我国的粮食产量从33211.5万吨增长到52871.0万吨，社会消费品零售总额从1800.0亿元增长到108487.7亿元，外汇储备从8.40亿美元增长到19460.30亿美元。[①]社会经济的巨大增长成为了城市建设得以发展的坚实基础和根本动力。

5.1　设计追随时代

这是一个变革的时代。改革开放带来社会经济迅猛增长的同时，中国的室内设计业也随着中国的建筑业和建筑装饰业而得到了持续、迅猛的发展。室内设计的发展紧随着国民经济的大旗，客观地反映了国民经济的发展、变革和转型的每一个印记。

① 李小军．数读中国60年．北京：社会科学文献出版社，2009：70，128.

1.20 世纪 80 年代，大型公共建筑成为室内设计实践的主战场

20 世纪 80 年代，十一届三中全会后，国民经济迅速得到恢复和发展，人民的生活也迅速提高到一个新水平。思想的解放、需求的增加，为室内设计与装修的发展创造了良好的条件，正是从这里开始，中国当代室内设计获得新生并开始走向其发展的阶段。

这一时期的室内设计主要集中在宾馆、酒店等大型公共建筑上。随着改革开放力度的不断加大和社会财富的不断丰富，到了 80 年代末期，为室内设计实现在各个领域的全方位渗透和发展奠定了良好的基石，至此，室内设计即将以全新的姿态向除了大型公共建筑之外的各个领域进军，开始了长达近十年的迷茫与兴奋、抄袭与超越、学习与创新的探索之路。

2.20 世纪 90 年代，从公共建筑到家装市场的全面开花

20 世纪 90 年代我国室内设计行业的发展呈现出以下几个特点：

1）公共建筑室内设计的内容更加广泛，其中，中、高级宾馆、饭店的装饰进入更新改造期，商业、办公、体育、文化等建筑的室内设计成为新的增长点。

一方面，80 年代为适应旅游业的发展而新建的一批旅游饭店已进入更新改造期，一般说来，宾馆的整体建筑 10 年左右就要改建，客房 5~6 年就要更新装饰；另一方面，进入 90 年代后期，国家要求严格限制批准新建一般性的旅游饭店项目，包括有客房出租业务的宾馆、招待所、办事处、培训中心、服务中心及酒店式公寓住宿接待设施。在这种宏观经济环境中，以旅游饭店为主的楼堂馆所的装饰多为改造项目，占公共建筑装饰产值的份额有所减少。随着经济的快速增长，这一时期，我国新建了不少办公写字楼、开发区、大型商业设施，提供了不少装饰需求，如深圳发展大厦、天津新客站、长春电影宫、京广大厦、国贸中心、中央电视台彩电中心、北京图书馆等建筑出现在了中国的大地上。上海浦东的开发开放使其成为了又一座现代建筑博览会，东方明珠电视塔以其 468m 的高度居当时世界第三、亚洲第一，成为了 20 世纪 90 年代上海的一个标志；上海金茂大厦高 88 层，420.5m，成为了那时的中国第一、世界第三高楼。这些现代化建筑的室内外的装饰技术、材料与 80 年代相比发生了革命性的变化，从民宅楼宇到摩天大厦，无不体现了高新技术的运用，功能作用在不断地提高、延伸。建筑装饰的形式表现更由于新材料、新工艺、新技术的运用而得到了更加丰富多彩的效果。[①] 1994 年，亚运会的成功举办也掀起了全国范围的体育热，全民健身运动的开展促使全国各地兴建了一大批体育场馆，体育场馆的装饰装修成为了公共建筑装修的一个重要部分。

2）家庭室内设计和装饰热的兴起

进入 90 年代，我国国民经济有了很大的发展，居民收入明显提高，人

---

① 胡三成 . 建筑与建筑装饰 . 建筑 .1999，07.

们希望自己的家中多几分舒适、温馨和安宁，因此，家庭装饰热在我国悄然地兴起了。家庭装饰业的兴起，在我国建筑装饰业的发展中具有重要的意义，因为它标志着建筑装饰不再是少数公共建筑的专利，而与寻常百姓有了更直接的关系。对我国这样一个人口众多的大国来说，家庭装饰业的兴起，既表明人民生活水平有了大幅度提高，也表示建筑装饰设计“以人为中心”的原则有了更加具体的含意。[①]过去，谁家搬家搞点装修，很可能会引起周围的议论，因为那个年代人民生活水平低，搞装修的很少，而现在，居民乔迁的时候，不装修房子反而成了怪事。家庭装饰业的发展是与人民群众住房条件的改善相伴随的，90 年代中后期，我国住房建设的发展速度非常快，到 1999 年底，我国城镇人均住房面积达到了 $8m^2$，这为建筑装饰行业的发展创造了良好的条件。

在 90 年代，在居住建筑的室内设计方面，中国的设计师经历了艰苦的探索，当然也走了很多弯路。这一时期，最初由于设计人员的奇缺，木工、管道工、电工等一批拥有少量建筑技术的工人，甚至完全没有技术经验的人员都纷纷加入到“家装”市场，使得居住建筑室内设计长期和“装修”等同于一个名词，轻设计重工程的思想经历了很长的一个阶段。

3）建筑装饰企业的发展壮大，开始逐步走入国际市场

建筑装饰企业也在不断地壮大起来，并逐步具备了承包三星级以上宾馆、饭店的装饰工程的能力。另外，广东、北京、浙江、黑龙江、辽宁、江西等省市的装饰公司已开始步入国际市场，承包国外工程，承包了国外的中国饭店、餐馆的装饰工程，将中国的宫苑、楼阁、园艺、灯彩、家具荟萃一堂，以其特有的东方艺术魅力让洋人为之倾倒，如辽宁省装饰工程公司为前苏联的“玛瑙雅号”轮船的装饰取得了很好的声誉和效果。

同时，改革开放开阔了人们的视野，打开了人们的眼界。交通的便利和信息发达使专业工作者和人民群众接受了大量新信息。国外的设计思想、方法和作品通过多种渠道介绍至国内，于是，国内的建筑装饰就有了更多的形式，前卫的、古典的、田园的、豪华的纷纷登台亮相，改革开放前那种徘徊、沉闷的空气一下子被活跃生动的氛围所代替。与建筑装饰业密切相关的家具业更是活跃，不仅引进了国外和港台的一些款式，还发掘翻新了我国传统的家具。我们还应该看到，建筑装饰业的发展还带动了相关用品如家电、纺织、机械等行业的发展。所以说，建筑装饰行业的发展带动了整个国民经济的发展。

3.21 世纪，走向可持续发展的室内设计

伴随着建筑设计思想的逐步成熟，室内设计思潮和流派也趋向平稳，人们普遍关注的重点从原先的装修、装饰开始走向室内空间的营建。

曾坚先生在 21 世纪初提出了对于 21 世纪室内设计思路的设想，总体上可

① 黄艳 . 浅谈当代建筑装饰活动在中国的历史沿革 . 山西建筑 .2008，10.

分为五点。[①]

1）室内与自然

室内设计应从重视可持续发展、防止室内环境污染、内外渗透和延伸三方面处理好与自然的关系。

2）室内与科技

技术是把双刃剑，室内设计应从应用新技术、开发新材料以及开发新的环境污染检测手段等方面发挥科学技术的正面作用。

3）室内与文化

室内设计本身有着极为丰富的本国、本土文化“血统”和文化内涵。

4）室内与经济

一方面，设计要重视适用，避免因追求形式、追求豪华造成不必要的浪费；另一方面，应提倡低造价、高质量的设计方案。

5）室内设计对人的关怀

21世纪的室内设计应更重视对人的关怀，重视室内设计的舒适度、人情味和对老龄人、残疾人及儿童的关怀。

2000年以来的十年的时间里，室内设计的发展基本上与曾坚先生的设想是一致的。可喜的是，室内设计在前行的路上开始逐步摆脱了20世纪90年代以来的迷茫与浮躁，开始逐步放下过于纷繁复杂的流派之争，开始逐步摒弃过于急功近利的抄袭拼凑，开始逐步找到了属于当代中国的室内设计之路，并在不断思索和总结中一路前行。在这十年里，公共建筑的室内设计从比较单一的宾馆、酒店走向与人们密切相关的多种形式，公共建筑室内设计走向全面繁荣，形成高潮；在这十年里，住宅建筑的室内设计从进入寻常百姓家发展到今天人们对精装修住宅的认同和不断推广；在这十年里，旧建筑改造设计从个别项目的“修旧如旧”中迅猛发展为被人们普遍认可并渐成时尚的“旧建筑改造热”；在这十年里，大量设计精品层出不穷地涌现出来，从而使室内设计得以可持续地发展下去。

5.2 由南及北

1978年12月18日至22日，中共第十一届三中全会在北京召开，全会作出了把全党的工作重点和全国人民的注意力转移到社会主义现代化建设上来的战略决策，确立了解放思想、实事求是的思想路线。1979年7月15日，中央决定，先在深圳、珠海两市划出部分地区试办出口特区，待取得经验后，再考虑在汕头、厦门设置特区。中央首先考虑在毗邻港澳的深圳和珠海试办出口特区，正是经过了深思熟虑的，随后的实践也证明，港澳先进的技术和文化得以通过深圳和珠海两个窗口渐次传递到大陆的各个角落。南风北进，从改革开放

① 曾坚．妄谈21世纪室内设计思路［J］．室内设计与装修.2001（4）：16-17.

的初始直到今天，港澳以及通过港澳传递过来的西方先进的思想和科技，依然在影响着大陆的社会生活的方方面面，当然，这其中也包括室内设计以及与之相关的装饰装修行业的发展进程。

1980 年 8 月 26 日，五届人大第十五次会议决定在深圳、珠海、汕头、厦门设置经济特区。短短的 13 个月，从在深圳、珠海两市试办出口特区扩大为在四个城市设置经济特区，从中可以看到党中央对于改革开放的决心以及接轨世界、加速发展的紧迫之情。有资料显示，从 1979 年至 2008 年的 30 年间，中国的外贸进口和外贸出口总额分别从 156.7 亿美元和 136.6 亿美元增长到 11330.9 亿美元和 14285.5 亿美元，分别增长了 71.3 倍和 103.6 倍。[①]从进出口总额的增长中，我们可以清晰地看到，改革开放 30 年我国的对外交流发生了何等惊人的变化，而这一切变化的源头都来自于中国开放的最初窗口，都来自于中国南大门的四个特区城市。

改革开放，首先带来的是商务人士的来往与交流，这也就顺应地带动了旅游业的兴起与发展。旅游业的蓬勃发展使得我国这一时期兴建了大量的楼堂馆所，随之而来的是大量的高档次的建筑装饰需求，而这种高档次的装饰相对应地要求设计师具有很高的室内设计水准，这一点又恰恰是经历了“文革”的封闭之后的中国大陆设计师所不具备的东西。只有一个办法：向港澳乃至欧美著名的设计师学习，走出国门去参观、考察，甚至带上尺子去亲自量度、记录。据蔡德道先生说，在做白天鹅宾馆时，“白天鹅宾馆基本图纸完成时，我们大部分人都没有见过五星级酒店”，甚至就连莫伯治先生都没见过五星级酒店的套房是什么样子，那怎么办？白天鹅项目组的人就到港澳去参观，“当天晚上我们吃完晚饭后，主人邀请吃宵夜，但我们推辞了，心里一直想着量客房”[②]，他们住在宾馆里，翻箱倒柜，从浴缸、面盆到水龙头，一直量度，将地毯都掀开，看里面是什么，一直搞到天亮。其实，不仅仅是酒店、宾馆的室内设计是大陆设计师所不熟悉的，一些其他的重要的公共建筑，那些在“文革”时期被批判为资本主义腐朽生活方式的建筑形式，其建筑以及室内设计，都是大陆设计师们的弱项，很多东西见都没见过，甚至有些都没有听说过，更不用谈什么设计手法、设计思路了。

我们知道，在经历了二十余年的闭关锁国之后，改革开放带来的是多年压抑之后的商务与旅游冲动的井喷式发展，国家对于随之而来的大量楼堂馆所的需求的估计是不足的，而且其自身的财力、物力、能力也是不能满足商务和旅游人士急剧上涨的需求的，这时，充分利用外资就成了当时社会的必然选择。外资带来的，除了资金外，更重要的是先进的管理思路、先进的经营理念和先进的设计手法。在白天鹅宾馆之前，有五座大型涉外酒店都是国外设计和施工的，甚至有的酒店连预制构件都从澳大利亚运来。比如中国大酒店，是香港的

---

① 根据《中国统计摘要 2009》部分内容整理、计算所得。国家统计局．中国统计摘要 2009. 北京：中国统计出版社，2009.

②《蔡德道先生访谈录》，2007 年 3 月，http：//www.douban.com/group/topic/1765995/

方案，广州市设计院做施工图，菲律宾的经理，半岛酒店的管理公司；花园酒店，香港司徒惠做方案（原本请贝聿铭的），美籍华裔设计师林同炎做结构设计。在白天鹅宾馆设计过程中，当时也曾有人向霍英东提议，可以向澳大利亚订购国外的整套设施，连卫生纸都可以从国外进口，这种情况下，深广一带首当其冲地充当起境外设计师在中国大陆施展设计才华、展示设计理想的舞台，同样地，深广的设计师得以有机会从境外和港澳设计师的助手做起，逐步学习西方先进的设计理念和设计技术，在大量实际工程的亲身经历和耳濡目染中逐步提升自身的设计水平。

今天的我们回顾那一段历史，很难说清是政策还是经济因素主导了那一场轰轰烈烈的“造楼运动”，但是，毋庸置疑的是，在楼堂馆所的建设高潮中，中国也开始了更大范围的开放尝试，从4个经济特区，到14个沿海港口城市，再到加入WTO，在逐步扩大国门的同时，室内设计的类型也开始更加多样化，境外设计思想的传播也开始从珠三角逐步走向全国。

由于珠三角地区在深圳等地的带动下充当起了改革开放的排头兵，因此，许多或先进或过气的设计手法也就首先在深广一带遍地开花了。以广州和深圳为代表的珠三角地区逐渐从盲目照搬走向有选择地消化吸收，并逐步对其进行总结、提炼和归纳，使之系统化、条理化，并从影响其周边地域和城市起步，开始逐步向北推进，对日后中国室内设计的发展带来了全新的空气。

5.3 由东向西

1984年5月，中共中央和国务院决定，在总结4个经济特区发展经验的基础上，进一步开放天津、上海、大连、秦皇岛、烟台、青岛、连云港、南通、宁波、温州、福州、广州、湛江和北海14个沿海港口城市。上述城市交通方便，工业基础好，技术水平和管理水平比较高，科研文教事业比较发达，既有开展对外贸易的经验，又有进行对内协作的网络，经济效益较好，是中国经济比较发达的地区。这些城市实行对外开放，能发挥优势，更好地利用其他国家和地区的资金、技术、知识和市场，推动老企业的更新改造和新产品、新技术的开发创造，增强产品在国际市场上的竞争能力，促使这些城市从内向型经济向内外结合型经济转化；将四大经济特区和海南，从南到北形成一条对外开放的前沿阵地；实现从东到西，从沿海到内地的信息、技术、人才、资金的战略转移，以便发展对内对外的辐射作用，带动内地经济的发展。

1992年，中共中央、国务院又决定对5个长江沿岸城市，东北、西南和西北地区13个边境市、县，11个内陆地区省会（首府）城市实行沿海开放城市的政策。中共十四大指出，对外开放的地域要扩大，形成多层次、多渠道、全方位开放的格局。继续办好经济特区、沿海开放城市和沿海经济开放区。扩大开放沿边地区，加快内陆省、自治区对外开放的步伐。

如同在上节中提到的，国家在开放14个沿海港口城市后，表现在室内设计领域的大发展，首当其冲的依然是楼堂馆所，尤其是在涉外旅游饭店方面的设计。

截至 2000 年 12 月底，按拥有旅游饭店座数多少排列，位居全国前十名的地区是：①广东 1506 座；②江苏 803 座；③云南 629 座；④浙江 594 座；⑤山东 558 座；⑥北京 522 座；⑦湖北 497 座；⑧辽宁 431 座；⑨四川 408 座；⑩广西 403 座。东部地区占前十强的七家。按拥有旅游饭店客房间数多少排列，位居全国前十名的地区是：①广东 16.31 万间；②辽宁 8.76 万间；③北京 7.67 万间；④上海 5.60 万间；⑤浙江 5.57 万间；⑥山东 5.06 万间；⑦江苏 5.01 万间；⑧海南 3.44 万间；⑨四川 3.42 万间；⑩广西 3.29 万间。东部地区占前十强的九家。按拥有旅游涉外星级饭店座数多少排列，位居前十名的地区是：①广东 697 座；②江苏 450 座；③北京 425 座；④浙江 411 座；⑤云南 408 座；⑥湖北 295 座；⑦上海 248 座；⑧湖南 227 座；⑨辽宁 216 座；⑩福建 213 座。东部地区占前十强的七家。[①]此处，东部地区是指按照“七五”计划中将全国分为东、中、西三大经济地带的划分依据的 12 个省份。这些数据表明在旅游饭店方面，无论是座数、客房数还是等级档次方面，东部都占有绝对的优势。就如 20 世纪 80 年代初期广州、深圳等地的室内设计师对于大型酒店的设计流程了解甚少一样，80 年代中叶以来，14 个沿海港口城市的开放，使得东部沿海地区在整个中国充当起了继广深之后的先行者，并且在广深设计师尚未完成总结经验的基础上，同广深的同行们一道，开始了向海外设计师取经的艰苦的探索之路。当然，由于有广深室内设计师们在此前近五年的努力摸索，使得一些设计经验得以在东部沿海地区推广时能够相应地避免曾经走过的弯路或降低某些损失。

此外，一级装饰企业是我国建筑装饰行业的代表，它的发展体现了我国建筑装饰行业的发展水平。从 1997 年具有一级装饰工程资质的企业分布情况来看，在全国 213 家一级装饰施工企业中，数量最多的 4 个地区依次为：广东 50 家（其中深圳 24 家）、上海 23 家、北京 22 家、江苏 18 家。[②]前四强全部在东部沿海地区。这也充分说明我国的建筑装饰行业最先是在东部沿海地区发展起来的，这与这一地区经济发达、人们生活水平高是密不可分的。

广东在地理位置上毗邻港澳的优越性，使得这一地区成了中国室内设计的第一块试验田，成为了各位外来设计师实现设计思想的大舞台。一时间，各种设计思潮、设计流派纷纷粉墨登场。与此同时，以佘畯南、莫伯治及其弟子们为代表的一大批我国本土的优秀设计师，在向西方以及港澳的设计师和设计典范作品学习的过程中，坚持将本土文化元素融入到设计中去，创造出了诸如白天鹅宾馆等众多的优秀室内设计作品。随着中央对外开放力度的加大，广东不再是孤军奋战，在帮助东部沿海其他兄弟省份学习新的设计理念和技术手段的同时，广东室内设计师走向东部沿海地区，走向中西部重要中心城市，再走向

① 中国宾馆酒店行业研究报告 _ 百度文库 .http：//wenku.baidu.com/view/0566d681e53a580216fcfe79.html
② 同上

更为广阔的全国各个不同等级的城市，在广东以及东部沿海重要地区的带动下，室内设计行业成长得极为迅猛。

在广东的带动下，首先成长起来的依旧是东部沿海省份，一方面是因为这一地区继四大经济特区之后率先开放，占据天时和地理优势，另一方面是这一地区经济基础较为优越，对于吸引外资和外来商旅人口具有明显的优势，这也在客观上导致了这一地区对于大型公共建筑及其室内设计的需求相应地较高。

随着改革开放的进一步深入，2000 年，中央决定实施西部大开发战略，随后，2002 年，党的十六大又提出支持东北地区等老工业基地加快调整和改造的战略，2004 年 3 月，温家宝总理在政府工作报告中首次明确提出促进中部地区崛起。自进入 21 世纪以来，中央密集的政策开始支持中西部以及以东北地区为代表的老工业基地的发展，室内设计领域也恰在此时基本完成了最初的艰难起步和不断探索、学习和总结的过程，室内设计的手法和技术都进入了一个相对成熟的时期，这就为室内设计力量（设计师、设计公司以及装饰装修企业）从东部沿海地区向中西部转移奠定了基础。

5.4 先实践再理论

在经历了“文革”的封闭时期之后，室内设计界几乎是没有什么理论建树的，而且在改革开放之初从事室内设计的专业人才几乎都是由建筑师兼任或转型而来，其他的从业人员则多是工艺美术师、从事绘画的人员、木工或水电工，甚至毫无专业基础的进城务工人员。

正如前述，在最初的那段时间里，由于理论和实践的双匮乏，突然间大量兴起的室内设计项目使得人们有点束手无措。对于蔡德道先生等人而言，从事的是国家重点工程项目，还有机会去港澳参观学习，并可利用住宾馆的便利条件来实地测量获取第一手的资料。对于更为多数的一般设计师以及从业人员而言，就没有这样的便利条件了。常言道，有需求就会有市场，针对这一问题，许多嗅觉灵敏的出版商就出版了大量的快餐式的室内设计读物。这些资料多以港澳台地区室内设计实例为主，而且图片资料多过工程技术细节的描述，重形式轻实质，适合那些没有太多室内设计经验和知识的人，在从事室内设计项目时，能够模仿甚至全盘照抄。除此之外，还有些在港台地区属于二、三流的设计人员也将他们的作品带到了国内的市场上，由于大陆设计市场上的作品极度匮乏，这些二、三流的作品也成了大陆设计师们竞相模仿的对象，一时间泥沙俱下，人们处于一种饥不择食的阶段，对于引进的东西基本都是照单全收，哪还考虑什么理论的诉求和文化的适应。但是，也正如师兄陈冀峻在其博士论文中所提到的：“虽然难免良莠不齐，但这种拿来主义模式是向先进水平迈进的务实手段。”[①]所以，在经历了最初阶段的浮躁之后，室内设计师们也在重新审视

① 陈冀峻 . 中国当代室内设计发展研究 .23.

自己的作品，总结创作过程中的经验和教训，找出设计时存在的不足和将来应该改正的地方以及发展的方向等。

但是，这一过程毕竟是要经历一个相对漫长的时期的。中国当代室内设计所面临的特定的历史背景使得它带有明显的先实践再上升到理论的过程，这一独特的现象也就导致了室内设计行业规范和行业管理方面的混乱，许多标准不够统一，许多理论来自于建筑、艺术等，未能形成一套真正系统、完善的室内设计理论体系。

1991 年，在张绮曼和郑曙旸两位先生的领衔下，室内设计界第一本资料集横空出世。[①]一时间,《室内设计资料集》成为室内设计师竞相购买的案头宝典，这也充分证明了在经历了 80 年代整个理论空白期之后，一本实用的、总结多年设计经验而成的资料类图书在彼时是何等的珍贵。客观上说，在这本资料集里，关于理论的总结和阐释仅限于本书的前三章，而且受篇幅所限，许多内容仅只是点到为止，例如对艺术流派与风格的介绍中，每一种风格只有一两页纸来论述，很难将一种风格的特点真正地展现到读者的面前，但在当时，这些已经是弥足珍贵的了。

之后，理论界开始了设计理论的总结与探索，这其中有代表性的如张绮曼先生所著《室内设计的风格样式与流派》，吴家骅的《室内设计原理》，霍维国与霍光合著的《室内设计原理》，黄建军、王远平的《室内设计》，来增祥、陆震纬的《室内设计原理》，谷彦彬、张守江的《现代室内设计原理》等，但是相对于其他相关学科（例如建筑）来说，室内设计的理论体系依旧很不完善。

早在 2002 年，王国梁老师就在建筑学报上发表文章提出："当今中国的室内设计界，不乏高手，不乏新人，也不乏佳作，缺乏的正是系统的理论研究，与室内设计相关的学术刊物上亦鲜见理论文章。室内设计界基本上还未建立起自己的理论骨干队伍，理论园地荒芜，活跃的市场与萧条的理论构成了强烈的反差。搞理论者清贫、寂寞，终日读书写字，故人们常说，写篇论文不如接一项设计，利益驱动的明确指向，造成了学术与市场遥遥相望。各地室内设计沙龙亦大多侃侃而谈，缺少深入的课题研究。这一切导致了室内设计业，作品点评少、设计批评少、系统理论少。"[②]

值得庆幸的是，已经有一批人在为室内设计的理论增砖添瓦了，因为无论是高校教学人员，还是奋斗在第一线的室内设计人员，都渐渐地开始明白"理论的缺失造成创作的苍白，中国的室内设计学科急需建立自己的理论体系[③]。"

① 张绮曼，郑曙旸 . 室内设计资料集 . 北京：中国建筑工业出版社，1991.

② 王国梁 . 室内设计的哲学指导 . 建筑学报 .2002，11：26.

③ 王国梁 . 现代中国文脉下的建筑理论——中国文脉下的室内设计 . 北京：中国建筑工业出版社，2008：221.

参考文献

[1] 黄钢 . 室内设计的原则 [J] . 装饰 .2000（6）.

[2] 张绮曼 . 环境艺术设计理论 [M] . 北京：中国建筑工业出版社，1996（72）.

[3] 李让译 . 相对的现代与绝对的现代 [J] . 建筑艺术与室内设计，1995（1）.

[4] 叶飞文 . 要素投入与中国经济增长 .

[5] 中国旅游统计年鉴 .

[6] 广东社会科学 .1994，6.

[7] 深圳特区报 .2008-12.

[8] 黄艳丽 . 中国当代室内设计中对传统文化传承方式的研究 .2005.

[9] 中国宾馆酒店行业研究报告 .

[10] 邹德侬 . 中国现代建筑史 [M] . 天津：天津科学技术出版社，2001.

[11] 张绮曼，郑曙旸 . 室内设计资料集 1 [M] . 北京：建筑工业出版社，1991.

[12] 张绮曼，潘吾华 . 室内设计资料集 2 [M] . 北京：中国建筑工业出版社，1999.

[13] 霍维国，霍光 . 中国室内设计史 [M] . 北京：中国建筑工业出版社，2003.

[14] 张青萍 . 解读 20 世纪中国室内设计的发展 . 南京林业大学博士论文，2004.

[15] 陈宝胜 . 中国建筑四十年 [M] . 上海：同济大学出版社，1990.

[16] http：//wenku.baidu.com/view/0566d681e53a580216fcfe79.html

[17] 黄建军 . 室内设计 · 下 [M] . 北京：中国建筑工业出版社，1999.

[18] 中国创意网 .

[19] 中国经济周刊 2005（34）.

[20] http：//www.soufun.com/house/

[21] 刘瑜 ."蜂巢"里变出美术馆 .2008.

[22] 黄白 . 九十年代前四年我国建筑装饰行业发展的回顾 [J] . 装饰总汇 .1994（03）.

[23] 许慧华 . 从广州地下交通建筑空间看地铁站室内环境设计 [J] . 广东建筑装饰 .

[24] 仇保兴 . 从绿色建筑到低碳生态城 . 城市发展研究 .2009，7.

[25] www.hi.baidu.com/

[26] 昆明日报 .2009-07.

[27] 严建伟，田迪 . 现代中国文脉下的建筑理论——LOFT 文化的形成及空间分析 [M] . 北京：中国建筑工业出版社，2008.

[28] 黄白 . 对我国家庭装饰业发展的一些认识 [J] . 室内设计与装修 .1997，2.

[29] 李小军 . 数读中国 60 年 . 北京：社会科学文献出版社，2009.

[30] 中国统计摘要 2009 [M]. 北京：中国统计出版社，2009.
[31] 蔡德道先生访谈录 .2007.http：//www.douban.com/group/topic/1765995/
[32] 中华人民共和国住房和城乡建设部新闻中心 .
[33] 中华人民共和国住房和城乡建设部网站文件 .
[34] 王国梁 . 现代中国文脉下的建筑理论——中国文脉下的室内设计 [M]. 北京：中国建筑工业出版社，2008.
[35] 陈冀峻 . 中国当代室内设计发展研究 .2007.
[36] 朱志杰 . 中国现代建筑装饰实录 [M]. 北京：中国计划出版社，1994.
[37] 邹德侬 . 中国现代美术全集 / 建筑艺术 [M]. 北京：中国建筑工业出版社，1998.
[38] 陈志华 . 北窗杂记——建筑艺术随笔 [M]. 郑州：河南科学技术出版社，1999，6.
[39] 郑光复 . 建筑的革命 [M]. 南京：东南大学出版社，1999.
[40] 中国建筑学会室内设计分会 . 中国室内设计年刊 . 北京：中国计划出版社，2000.
[41] 杨秉德 . 新中国建筑——创作与评论 [M]. 天津：天津科学技术出版社，2000.
[42] 2001 年中国室内设计大赛奖优秀作品集 [M]. 天津：天津大学出版社，2002.
[43] 吕俊华，彼得 · 罗，张杰 . 中国现代城市住宅 [M]. 北京：清华大学出版社，2003.
[44] 潘谷西 . 中国建筑史（第五版）[M]. 北京：中国建筑工业出版社，2003.
[45] 中国当代室内艺术 [M]. 北京：中国建筑工业出版社，2003.
[46] 杨永生 . 建筑百家言续篇——青年建筑师的声音 [M]. 北京：中国建筑工业出版社，2003.
[47] 张钦楠 . 特色取胜——建筑理论的探讨 [M]. 北京：机械工业出版社，2005.
[48] 王晓，闫春林 . 现代商业建筑设计 [M]. 北京：中国建筑工业出版社，2006.
[49] 聂影 . 观念之城——建筑文化轮集 [M]. 北京：中国建材出版社，2007.
[50] 钟华楠，张钦楠 . 全球化·可持续发展·跨文化建筑 [M]. 北京：中国建筑工业出版社，2007.
[51] 郝曙光 . 当代中国建筑思潮研究，[M]. 北京：中国建筑工业出版社，2006.
[52] 赖德林 . 中国近代建筑史研究 [M]. 北京：清华大学出版社，2007.
[53] 俞小雪 . 消费文化影响下都市商业空间环境设计 . 中国美术学院硕士学位论文 .2006.
[54] 杨冬江 . 中国近现代室内设计风格流变 . 中央美术学院博士学位论文 .2006.
[55] 袁奇峰，李萍萍 . 广州市沙面建筑群——在使用中保护 [J]. 城市规划汇刊 .2003.
[56] 中国近代建筑总览——广州篇 [M]. 北京：中国建筑工业出版社，1992.
[57] 中国近代城市与建筑 [M]. 北京：中国建筑工业出版社，1993.
[58] 建筑实录 [M]. 北京：中国建筑工业出版社，1993.
[59] 广州市旅游局 . 广州市旅游统计 [M].2001.
[60] 吕刚 . 广州会议型酒店路在何方 . 中国会展（86）.
[61] 彭华亮 . 走向二十一世纪的建筑 [M]. 北京：中国建筑工业出版社，1996.
[62] 李洋 . 办公空间室内设计发展历史的回顾与启示 . 内蒙古工业大学学报（社会科学版）.2009（3）.

[63]（美）约翰·派尔，世界室内设计史［M］. 刘先觉，陈宇琳等译 . 北京：中国建筑工业出版社，2007.

[64] 李怀生 . 零售商业建筑室内空间的总体设计浅论［J］. 建筑装饰材料（世界中国混凝土专刊）.2009（4）.

[65] 谭仁萍，戴向东，林秀云 .SOHO 生活方式下的室内与家具设计［J］. 家具与室内装饰 .2008（10）.

[66] 洪樱 .SOHO 的室内设计研究，四川大学 .2004.

[67] 邹统钎 . 旅游开发与规划［M］. 广州：广东旅游出版社，1999.

[68] 张皆正，唐玉恩 . 旅馆建筑设计［M］. 北京：中国建筑工业出版社，1993.

[69] 李小军 . 数读中国 60 年 . 北京：社会科学文献出版社，2009.

[70] 黄白 . 对我国建筑装饰行业发展若干问题的认识和评估 . 室内 .1993，01.

[71] 胡三成 . 建筑与建筑装饰 . 建筑 .1999，07.

[72] 黄艳 . 浅谈当代建筑装饰活动在中国的历史沿革 . 山西建筑 .2008，10.

[73] 建筑学报，室内设计与装修，南方建筑，广东建筑装饰，世界建筑，华中建筑，建筑技术与艺术，建筑创作，建筑茶话等杂志文章。

结　语

1978 年 12 月，党的十一届三中全会带来了思想上的大解放，随之而来的是国民经济迅速得到恢复和发展，人民的生活水平也得以迅速提高。可以说，这个时期，建筑创作思想也在大解放，因此，从这个时期开始，建筑史开始进入了“当代”的范畴。但是,经历了长时期的先生产后生活的思想灌输，人们对于建筑的要求还不能很快适应从“实用、经济和安全”上加入“美观”的因素，于是，室内设计无论从思想层面还是从实践环节上都稍稍滞后于建筑设计。

应该承认，思想的解放，需求的增加，为室内设计与装修的发展创造了良好的基础条件，也正是从这里开始，中国当代室内设计从思想层面上获得新生并开始走向其发展的阶段。但从实践上，室内设计的“当代”的真正起点是在 20 世纪 80 年代初期。曾坚先生曾经说过 :“我国室内设计，作为一种相对独立的专业与学科，登上建设的舞台，开始于 20 世纪八十年代初。”①

在以上各章的论述中，本文将 20 世纪 80 年代至今近 30 年的时间划分为三个历史阶段，并分别对应了中国当代室内设计的起步、探索发展和全面发展三个历史进程。

20 世纪 80 年代的室内设计主要集中在宾馆、酒店等大型公共建筑上。正如前文所述，1978~1989 年，装饰行业投资的 2/3 集中在楼堂馆所，其中超过 1/2 的投资集中在涉外旅游饭店。因此，这个时期的室内设计作品集中反映在楼堂馆所建筑中。此时，旅馆、酒店类建筑成为了室内设计发展的起点。

同时，由于“文化大革命”使中国的室内设计停止招生长达数年之久，直到 1977 年才恢复招生。因此，当时从事室内设计的人员除了少数的几个大专院校和设计院所之外，绝大多数是些美术工作人员或是爱好者，他们对建筑知识知之甚少，这给当时的室内设计界带来了很大的压力。可以说，这时中国室内设计专业队伍处于一个筹建阶段，这个阶段是在边筹建边建设下进行的。

其实，即便是对于那些具有丰富的建筑知识和经验的人来说，由于他们是在封闭的环境中成长起来的，对于大型宾馆、酒店建筑的室内设计原则和手法等依然是知之甚少。这时，一方面，一些设计师通过到港澳和欧美地区学习考

① 曾坚 . 从室内杂志 100 期，看我国室内设计的发展历程［J］. 室内设计与装修 .2002（12）：6-8.

察来开阔眼界和提高自身的设计水平，另一方面，港澳等地的设计师也纷纷进入中国大陆（首先是集中在广州和深圳地区），开始了对大陆设计师从进行影响到相互交流再到共同进步的漫长过程。

进入20世纪90年代，中国的改革开放更加深入，国民经济飞速发展，人民生活水平日益提高，内外交流更加频繁。建筑的数量和类型增多了，人们对于室内环境的关注开始上了一个新台阶。

经历了第一个阶段住宅建筑的发展与进步，进入20世纪90年代之后，迎来了住宅室内设计的兴起，这在我国当代室内设计发展史上具有极其重要的意义。因为在20世纪80年代，室内设计主要集中在宾馆酒店以及其他少数类别的大型公共建筑上，这些毕竟只是为少数人服务的设施，对于普通百姓而言，似乎室内设计的概念还是远了些。直到进入20世纪90年代之后，随着住宅市场的兴起，室内设计才真正开始进入寻常百姓家。

除了住宅出现了持续的装修热之外，商业模式上的转变也间接地刺激了室内设计市场的需求。比如随着连锁经营的兴起而出现的大量的专卖店、深入居民社区内部的大大小小的超市以及大量涌现的贴近居民生活的咖啡厅、酒吧和小餐馆等都成了这一时期室内设计的主要对象。20世纪90年代还有一个特点是，随着改革开放的不断深入，外企、私企、民企等或大或小的各种公司如雨后春笋一般在神州大地上遍地开花，它们对于办公空间的装修需求也构成了室内设计从殿堂走向民间的主要方向。

因此，进入20世纪90年代后，室内设计范围不断拓展，开始为广大群众、为各类人群服务。我国的室内设计队伍有了众多的实践和提高的机会，也同时面临着新的挑战和机遇。这一阶段出现了一批优秀的室内设计作品，也涌现出一批人数可观的优秀室内设计人才。

在经历了20世纪80年代相对单一的集中于楼堂馆所（以宾馆酒店为主）的室内设计时期，从20世纪90年代开始，向住宅、办公、商业等与人们日常工作、生活更加紧密的场所所扩散，应该说，从20世纪末至今，进入了中国当代室内设计全面发展的时期。许多新型的建筑形式在祖国大陆的遍地开花，也使得室内设计能够得以在更为广阔的领域施展才华。大型剧院、音乐厅、体育馆、地铁站、航站楼、Shopping Mall、SoHo、Loft等如雨后春笋般在祖国大地各大城市不断涌现，为室内设计的发展提供了更为广阔且更富有挑战性的舞台。

进入21世纪以来，室内设计的水平也在稳步提高之中。这时，伴随着建筑设计思想的逐步成熟，室内设计思潮和流派也趋向平稳，人们普遍关注的重点从原先的装修、装饰开始走向室内空间的营建。从2000年“新世纪中国室内设计高峰论坛”上举行的“首届中国青年室内设计师作品大赛暨全国青年学生设计竞赛”获奖作品来看，当时的国内室内设计水平已经实现了大幅度的提高。钟华楠先生赞扬说：“目前国内室内设计业界的水平虽与国际行业的发展仍有一定差距，但差距明显在缩小。有些作品已很难想象是出自内地设计师之手。这个势头尤其在家装设计上表现明显，进步之大令人欣喜。”[1]目前，随着北京奥运场馆的建设、上海世博场馆的建设和浦东持续开发与建设、广州亚运场馆的建设等，一大批由中国设计师主持或参与的公共建筑的室内设计，充当了向世界一流水平看齐的急先锋。

总之，中国的室内设计进入到“当代”范畴的30年的发展期，就是一个不断学习、不断吸收、不断进取的时期。室内设计师们在经历了懵懵懂懂的无知期和对外来事物的好奇与全盘接受期之后，在不断的实践中渐渐成长起来。由于室内设计是伴随着我国改革开放形式下大量而又高速的建设高潮而成长起来的，因此，它的发展也就带有明显的急功近利性，系统的理论研究成果极少。用以指导实践、理论的匮乏，使得室内设计只能在不断摸索甚或是模仿中前进，因此，中国的室内设计就呈现出明显的地域上的不同步性。先是毗邻港澳的粤南（以广州、深圳为代表）地区最先学习了西方和港澳的先进设计理念，并积累了大量的工程实践经验，之后是对东部沿海地区的带动和全面繁荣，再之后才是向中西部广大地区的影响和渐次推进，整个过程“是与经济发达速度密切关联的……这是一个由南及北、由东向西的发展历程。”[2]

---

① 鲍玮．新世纪的曙光——首届中国室内设计高峰论坛侧记［J］．室内设计与装修.2001（6）：18-20.

② 王国梁．现代中国文脉下的建筑理论——中国文脉下的室内设计．北京：中国建筑工业出版社，2008（12）：224.

后　记

室内设计既是一门艺术又是一门科学，历史悠久，伴随着整个人类的发展史。室内设计作为一门学科的发展，在我国应是伴随着改革开放的脚步发展的。本书将改革开放三十年以来的中国室内设计进行了梳理，并希冀找出其发展规律，为今后其的走向提供基础和借鉴。

本书的编写过程中，得到恩师王国梁先生、黄建军教授以及师兄江滨、陈冀峻、王轩远、孙科峰等的大力支持和帮助，还有很多师长给了我很多意见和建议，部分成果也被整理到了相关章节中，在此深表感谢。

本书的作者为上海理工大学、上海出版印刷高等专科学校教师朱忠翠博士，本书的出版也得到了校、系领导的支持，感谢你们！

本书依旧存在很多不尽人意的地方。尽管搜集了数百本书刊、杂志，依然感觉到资料的匮乏和自身能力的欠缺。庞大的史学及其发展研究，对于工程实践经验不足的我来说是一个极大的挑战，全书的构架和发展脉络尚不够系统和清晰，我知道，这将是我在后续研究工作中需要继续努力的方向。

本文在撰写期间因为参考的文献资料数量巨大，难免存在遗漏的现象，在此向各位作者表示歉意，并希望相关作者或读者能及时向笔者提出宝贵意见（笔者邮箱为 laiyangli01@163.com），以便在下次修改时再进行补充。

朱忠翠

图 2-7　广州白天鹅宾馆家乡水

图 4-1　广州富力君悦大酒店位于 22 层的大堂及位于连接双塔的空中悬桥的 Guanxi Lounge

图 4–2　东莞索菲特御景湾酒店

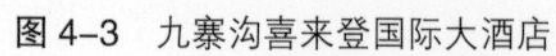

图 4–3　九寨沟喜来登国际大酒店

图 4–4　重庆喜百年酒店

图 4–6　九寨天堂国际会议度假中心

图 4-7　广州番禺长隆酒店

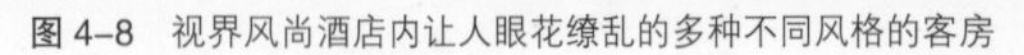

图 4-8　视界风尚酒店内让人眼花缭乱的多种不同风格的客房

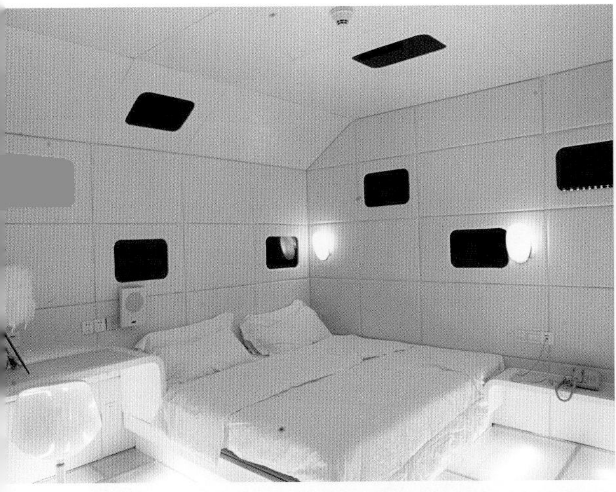

图 4–8　视界风尚酒店内让人眼花缭乱的多种不同风格的客房（续）

图 4–9　深圳华侨城洲际大酒店

图 4–10　锦江之星和宜必思之客房比较

图 4-15　JNJ 马赛克展厅

图 4–17　深圳“唇”酒吧

图 4–36　成都万科房产公司售楼中心